Statik der Baukonstruktionen

I

Grundlagen

von

Dr.-Ing. Alfred Teichmann
em. Professor an der Technischen Universität Berlin

und

Dipl.-Ing. Gerhard Pohlmann
Oberingenieur an der Technischen Universität Berlin

mit 51 Abbildungen und 5 Formtafeln

2., neubearbeitete Auflage

Sammlung Göschen Band 4119

Walter de Gruyter & Co
Berlin 1971

Für freundliche Unterstützung sprechen wir
Herrn Dipl-Ing. Max Oberneyer unseren Dank aus.

Die Verfasser

 — Archiv-Nr.: 7610708 — Satz und Druck: Walter de Gruyter & Co., Berlin. — Printed in Germany.

Inhalt

Bezeichnungsregeln

Bezeichnung	Begriff	Bemerkung
A. Allgemeines		
	I. Koordinatensysteme	
x, y, z	allgemeines räumliches Koordinatensystem	Rechtssystem
x, z	Koordinaten am ebenen Stabwerk	ggf. h entgegen z
X, Y, Z	Stabkoordinaten	Rechtssystem
X	Richtung der Stabachse	
Y, Z	Richtungen der Trägheitshauptachsen des Querschnitts	
X, Z	Stabkoordinaten am ebenen Stabwerk	Ebene Z, X in Ebene z, x
$\mathfrak{x}, \mathfrak{y}, \mathfrak{z}$	Koordinaten von Lastangriffsstellen	Rechtssystem
$\mathfrak{x}, \mathfrak{z}$	Koordinaten von Lastangriffsstellen bei ebenen Stabwerken	ggf. $\mathfrak{h}$ entgegen $\mathfrak{z}$
x', y', z'	Koordinaten entgegen x, y, z	Koordinatenursprung am rechten Stabende
$\mathfrak{x}', \mathfrak{y}', \mathfrak{z}'$	Koordinaten entgegen $\mathfrak{x}, \mathfrak{y}, \mathfrak{z}$	Koordinatenursprung am rechten Stabende
$\mathfrak{i}, \mathfrak{j}, \mathfrak{k}$	Einheitsvektoren der Richtungen x, y, z	
$\mathfrak{e}^*, \mathfrak{e}^{**}, \mathfrak{e}^{***}$	Einheitsvektoren der Richtungen X, Y, Z	
e_x^*, e_y^*, e_z^*	Komponenten von $\mathfrak{e}^*$ analog: $\mathfrak{e}^{**}, \mathfrak{e}^{***}$	
	II. Fußzeiger	
x, y, z	Richtung oder Achse	
x	horizontal	bei ebenen Systemen vorwiegend
z	vertikal	bei ebenen Systemen vorwiegend
o	oben	
u	unten	
$(i), (j)$	Kennzeichnung von Stellen	z. B. $B(j)$
$(l), (r)$	am linken bzw. rechten Stabende	
$\varkappa$	Lastangriffsstelle	
;	„hervorgerufen durch" (Kurzzeichen)	
$i, i + 1$	zum Feld $i, i + 1$ gehörend	

Bezeichnung	Begriff	Bemerkung
	III. Kopfzeiger	
v	virtuell	z. B. A^v = virtuelle Arbeit
!	eingeprägt	
F	Fessellast	
	IV. Besondere Zeichen	
(x), (y), (z)	funktionale Zuordnung (auf Zeile)	
[. . .]	hervorgerufen durch	s. a. als Fußzeiger unter II
„. . ."	Bezeichnung von Gleichungen	z. B. „P_z"
; m	zur Kennzeichnung einer Einflußlinie	z. B. $B_{y(j)}; m$
Δ	Differenz, Determinante	
i, k, j	allgemeine Stelle	
in Fraktur oder überstrichene griechische Buchstaben	Vektoren	
Σ	Summenzeichen	
l	linkes Stab-Ende	
r	rechtes Stab-Ende	
$i^{\cdot}$, $i^{\cdot\cdot}$	Stellen unmittelbar links bzw. rechts von i	
j^l, j^r	linkes bzw. rechtes Schnittufer eines Schnittes in j	

B. Geometrische Größen usw.

Bezeichnung	Begriff	Bemerkung
s	Spannweite (bzw. Stab-Länge)	
b	Breite	
d	Balkenhöhe	
h	Höhe	
r	Radius	
α_t	Temperatur-Koeffizient	Lt. DIN 1080 Temperatur-Dehnzahl

Bezeichnung	Begriff	Bemerkung
C. Lasten		
$\mathfrak{P}$	äußere Kräfte (Vektoren)	
$\mathfrak{P}^!$	eingeprägte Kräfte (Vektoren)	
$\mathfrak{P}^F$	Fesselkräfte (Vektoren)	
$P_x^!$ $P_y^!$, P_x^F, P_y^F	Komponenten von $\mathfrak{P}^!$ bzw. $\mathfrak{P}^F$	bei ebenen Systemen: x horizontal, z vertikal
$P_z^!$,P_z^F	Komponenten von $\mathfrak{P}^!$ bzw. $\mathfrak{P}^F$	(bei ebenen Systemen: x horizontal, z vertikal)
A_x, A_z A_y	Fesselkraftkomponenten, wenn positiv gezählt entgegen den Koordinaten x bzw. z bzw. y	(bei ebenen Systemen: x horizontal, z vertikal)
H	Horizontalschub beim Dreigelenkbogen	statt A_x (positiv wenn Kämpfer gedrückt werden)
$\mathfrak{M}$	äußere Momente (Vektoren)	
$\mathfrak{M}^!$	eingeprägte Momente (Vektoren)	
$\mathfrak{M}^F$	Fesselmomente (Vektoren)	
$M_x^!$, $M_y^!$, $M_z^!$	Komponenten von $\mathfrak{M}^!$	
M_x^F, M_y^F, M_z^F	Komponenten von $\mathfrak{M}^F$	
D_x, D_y, D_z	Komponenten des Fesselmomentes, wenn positiv gezählt entgegen dem Koordinat x, y, z	
$\mathfrak{S}$, $\mathfrak{T}$	Schnittlasten (Vektoren)	
$\mathfrak{S}$	Schnittkräfte (Vektoren)	
$\mathfrak{T}$	Schnittmomente (Vektoren)	
S, Q_Y, Q_Z	Komponenten von $\mathfrak{S}$ bezüglich X, Y, Z*) — positiv, wenn am linken Schnittufer im Sinne der Koordinaten X, Y, Z wirkend	Längskräfte S (‖ X) Querkräfte Q_Y, Q_Z
T, B_Y, B_Z	Komponenten von $\mathfrak{T}$ — positiv, wenn am linken Schnittufer im Sinne der Koordinaten X, Y, Z wirkend	Torsionsmomente T (‖ X) Biegemomente B_Y, B_Z lt. DIN 1080 M_B statt B; anderweitig auch kurz M statt B gebräuchlich
$\mathfrak{p}$	verteilte Lasten	
$\mathfrak{m}$	verteilte Momente	

* Bei geradem Stab auch bezüglich x, y, z.

Bezeichnung	Begriff	Bemerkung
D. Formänderungen		
$\mathfrak{w}, \bar{\varphi}$	Verschiebungen (Vektoren)	
$\mathfrak{w}$	Weg	
$\bar{\varphi}$	Drehung (Überstreichung zur Kennzeichnung als Vektor)	
w_x, w_y, w_z	Wegkomponenten	lt. DIN 1080 v_x, v_y, v_z
$\varphi_x, \varphi_y, \varphi_z$	Drehungskomponenten	lt. DIN 1080 auch φ_B=Biegedrehung φ_T=Torsionsdrehung

I. Fesselung

A. Vorbemerkung

Die im folgenden behandelten Baukonstruktionen sind an bestimmten Stellen mit dem Erdboden verbunden (s. Abb. 1a) — unmittelbar oder über weitere Konstruktionen —, und zwar derart, daß sie keine Bewegungen ausführen könnten, wenn das Material und der Erdboden starr wären.

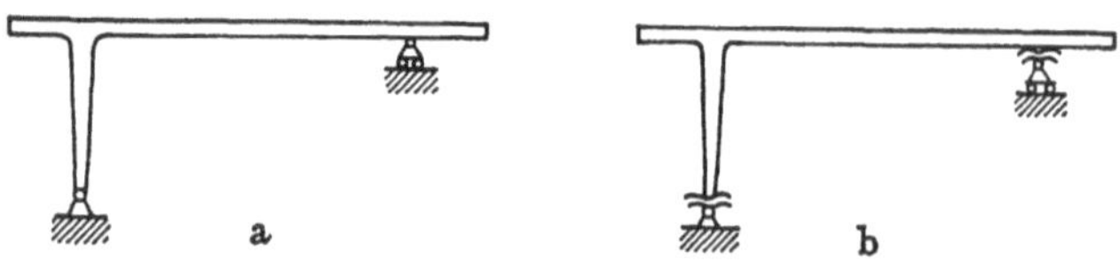

Abb. 1. Baukonstruktion *a*) gelagert, *b*) abgeschnitten

Um Näheres darüber auszusagen, wie diese Verbindung, die „Fesselung“ oder „Lagerung“, herbeigeführt werden kann, werde zunächst angenommen, eine in sich starre Baukonstruktion sei vom Erdboden abgeschnitten (s. Abb. 1b). Bei einer dann denkbaren Bewegung führe die Konstruktion eine Drehung $\bar{\varphi}$ aus, zugleich beschreibe eine Stelle der Konstruktion einen Weg $\mathfrak{w}$ (s. Abb. 2); $\bar{\varphi}$ und $\mathfrak{w}$ seien „klein“ im Sinne von Differentialen.

B. Drehungen und Wege

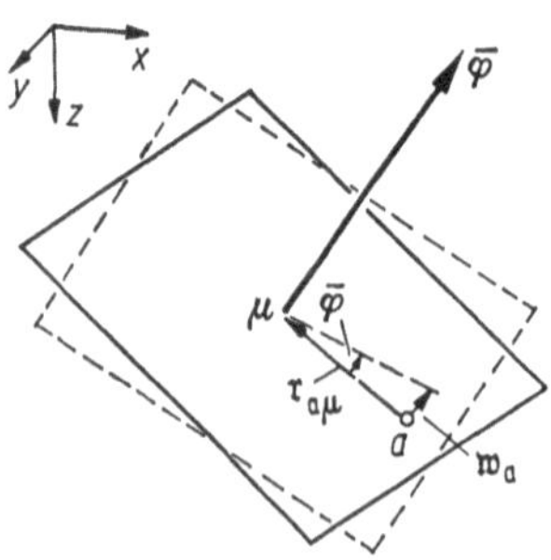

Abb. 2. Drehung und Weg

1. Darstellung

Kleine Drehungen $\bar{\varphi}$ und Wege $\mathfrak{w}$, zusammenfassend als „Verschiebungen“ bezeichnet, sind Vektoren; d. h. sie können durch Pfeile dargestellt werden (s. Abb. 2).

Im folgenden sind Vektoren in Frakturschrift oder auch in griechischer Schrift, und dann mit Querstrich, wiedergegeben.

$\bar{\varphi}$: Die Länge des Pfeiles kennzeichne den Absolutbetrag $|\bar{\varphi}|$ des Drehwinkels (Winkel im Bogenmaß); der Pfeil stehe senkrecht zur Ebene des Winkels; die Pfeil-Spitze kennzeichne den Richtungs-Sinn, in dem — entlang dem Pfeil — zu blicken ist, damit $\bar{\varphi}$ als Drehung im Uhrzeigersinn erscheint.

$\mathfrak{w}$: Die Länge des Pfeiles kennzeichne den Absolutbetrag $|\mathfrak{w}|$ des Weges (Weglänge); der Pfeil liege parallel der Geraden durch den Anfangs- und den Endpunkt des Weges; die Pfeil-Spitze kennzeichne den Richtungs-Sinn, in dem der Weg durchlaufen wird.

Bedarfsweise wird geschrieben:

$$\bar{\varphi} = \varphi \mathfrak{e}^{\varphi}, \quad \mathfrak{w} = w \mathfrak{e}^{w}; \tag{1}$$

dabei bedeute (s. Abb. 3):

$\mathfrak{e}^{\varphi}$, $\mathfrak{e}^{w}$ den sog. „Einheitsvektor“ zu $\bar{\varphi}$ bzw. zu $\mathfrak{w}$: Pfeil mit der Länge 1, parallel dem zur Darstellung von $\bar{\varphi}$ bzw. $\mathfrak{w}$ dienenden, jedoch mit beliebig gewähltem Richtungs-Sinn,

φ, w den „Betrag“ von $\bar{\varphi}$ bzw. von $\mathfrak{w}$, d. h.:

$$\varphi = \pm |\bar{\varphi}|, \quad w = \pm |\mathfrak{w}|, \tag{2}$$

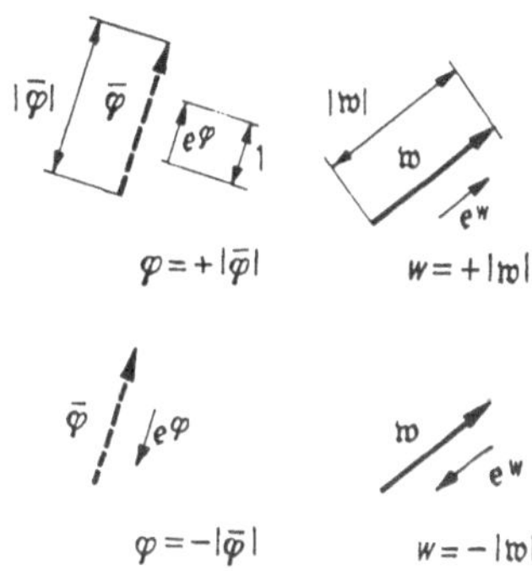

Abb. 3. Einheitsvektor und Betrag eines Vektors

wobei das Zeichen + oder — gilt, je nachdem der Richtungs-Sinn von $\bar{\varphi}$ bzw. von $\mathfrak{w}$ gleich oder entgegengesetzt dem von $\mathfrak{e}^{\varphi}$ bzw. $\mathfrak{e}^{w}$ ist (s. Abb. 3, 4).

2. *Komponenten*

Im folgenden wird ein Vektor gewöhnlich durch die Projektionen des ihn darstellenden Pfeiles auf die Achsen x, y, z eines rechtwinkligen Rechts-Koordinatensystems beschrieben (s. Abb. 4):

$$e_x, \quad e_y, \quad e_z,$$
$$\varphi_x, \quad \varphi_y, \quad \varphi_z,$$
$$w_x, \quad w_y, \quad w_z.$$

Die Beträge dieser Projektionen werden dann als die „Komponenten bezüglich x, y, z" bezeichnet; ihre Zahlenwerte sind positiv oder negativ, je nachdem die betreffende Projektion gleich oder entgegengesetzt dem positiven Ast der Achse x, y bzw. z weist.

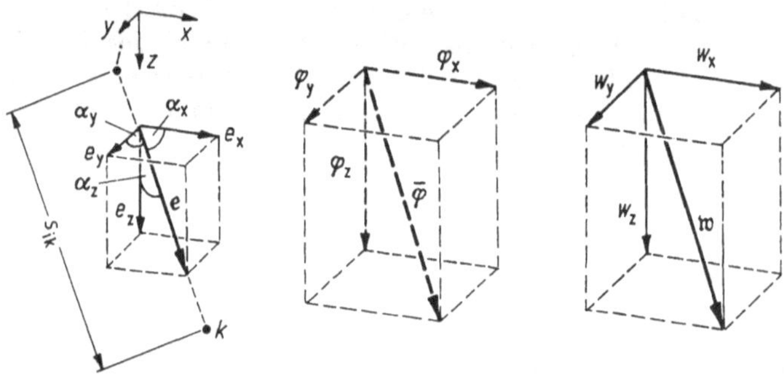

Abb. 4. Komponenten bezüglich der Koordinatenachsen

Wie leicht ersichtlich, gilt (s. Abb. 4a):

$$e_x = \cos\alpha_x = \frac{x_k - x_i}{s_{ik}}, \quad e_y = \cos\alpha_y = \frac{y_k - y_i}{s_{ik}},$$

$$e_z = \cos\alpha_z = \frac{z_k - z_i}{s_{ik}} \tag{3a}$$

mit $s_{ik} = \left|\sqrt{(x_k - x_i)^2 + (y_k - y_i)^2 + (z_k - z_i)^2}\right|$,

ferner (s. Abb. 3):

$$\varphi_x = \varphi e_x^\varphi, \quad \varphi_y = \varphi e_y^\varphi, \quad \varphi_z = \varphi e_z^\varphi, \tag{3b}$$

$$w_x = w e_x^w, \quad w_y = w e_y^w, \quad w_z = w e_z^w \tag{3c}$$

sowie (s. Abb. 4):

$$\begin{aligned} |\mathfrak{e}| &= \left|\sqrt{e_x^2 + e_y^2 + e_z^2}\right| = 1, \\ |\bar{\varphi}| &= \left|\sqrt{\varphi_x^2 + \varphi_y^2 + \varphi_z^2}\right| = |\varphi|, \\ |\mathfrak{w}| &= \left|\sqrt{w_x^2 + w_y^2 + w_z^2}\right| = |w|. \end{aligned} \tag{4}$$

Oft wird auch die Projektion des den Vektor darstellenden Pfeiles auf irgendeine Gerade, z. B. *d—d* oder *a—a*, benötigt (s. Abb. 5), d. h. die „Komponente bezüglich *d—d* oder *a—a*“.

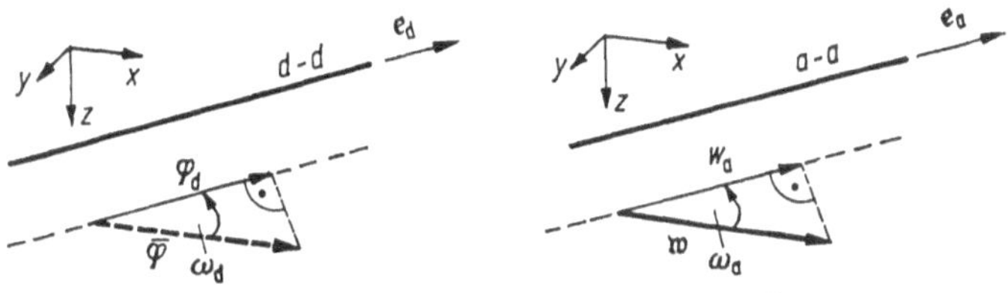

a b

Abb. 5. Komponenten bezüglich einer Geraden

— Die Richtung von *d—d* oder *a—a* werde durch einen ihr parallelen Einheitsvektor $\mathfrak{e}_d$ bzw. $\mathfrak{e}_a$ gekennzeichnet, womit dann auf der Geraden auch noch ein Richtungs-Sinn, nämlich der von $\mathfrak{e}_d$ bzw. $\mathfrak{e}_a$ eingeführt wird. Dann gilt für die Komponente von $\bar{\varphi}$ bezüglich *d—d* bzw. für die Komponente von $\mathfrak{w}$ bezüglich *a—a*:

$$\varphi_d = |\,\bar{\varphi}\,| \cos \omega_d, \quad w_a = |\,\mathfrak{w}\,| \cos \omega_a, \tag{5}$$

wobei ω_d bzw. ω_a den Winkel bedeutet, um den der den Vektor $\bar{\varphi}$ bzw. $\mathfrak{w}$ darstellende Pfeil um seinen Fußpunkt zu drehen ist, bis er die Richtung und den Richtungs-Sinn des Einheitsvektors $\mathfrak{e}_d$ bzw. $\mathfrak{e}_a$ annimmt. Ferner gilt[1, 2]

$$\varphi_d = \varphi_x e_{x(d)} + \varphi_y e_{y(d)} + \varphi_z e_{z(d)}, \tag{6a}$$

$$w_a = w_x e_{x(a)} + w_y e_{y(a)} + w_z e_{z(a)}, \tag{6b}$$

kurz:

$$\varphi_d = \bar{\varphi}\,\mathfrak{e}_d\,(= \mathfrak{e}_d\bar{\varphi}), \quad w_a = \mathfrak{w}\,\mathfrak{e}_a\,(= \mathfrak{e}_a\mathfrak{w}), \tag{7}$$

sog. „inneres oder skalares Produkt“ der Vektoren $\bar{\varphi}$ und $\mathfrak{e}_d$ bzw. $\mathfrak{w}$ und $\mathfrak{e}_a$. (Sind beide Pfeile, die zwei Vektoren $\mathfrak{a}$ und $\mathfrak{b}$ darstellen, einander parallel, so gilt $|\,\mathfrak{a}\mathfrak{b}\,| = |\,ab\,|$; stehen sie aufeinander senkrecht, so gilt $\mathfrak{a}\mathfrak{b} = 0$.)

[1] Die Herleitung der elementaren Formeln der Vektorrechnung wird als bekannt vorausgesetzt; s. z. B. S. Valentiner-König, Vektoren und Matrizen; Sammlung Göschen, Bd. 354, 354a; W. Müller, Dynamik I; Sammlung Göschen, Bd. 902.

[2] Im folgenden kennzeichnet bei Vektorkomponenten: ein nicht eingeklammerter Zeiger die Richtung der Bezugsgeraden (Richtungszeiger), ein eingeklammerter Zeiger eine Stelle oder eine Strecke der Konstruktion (Ortszeiger).

3. Vektorielle Addition

Führt die vom Erdboden abgetrennte Konstruktion nacheinander mehrere Drehungen $\bar{\varphi}'$, $\bar{\varphi}''$, ... aus, so ergibt sich die daraus „resultierende Drehung" $\bar{\varphi}_{\text{res}}$ lt. Abb. 6a durch „geometrische Addition" der die Drehungen $\bar{\varphi}'$, $\bar{\varphi}''$, ... darstellenden Pfeile:

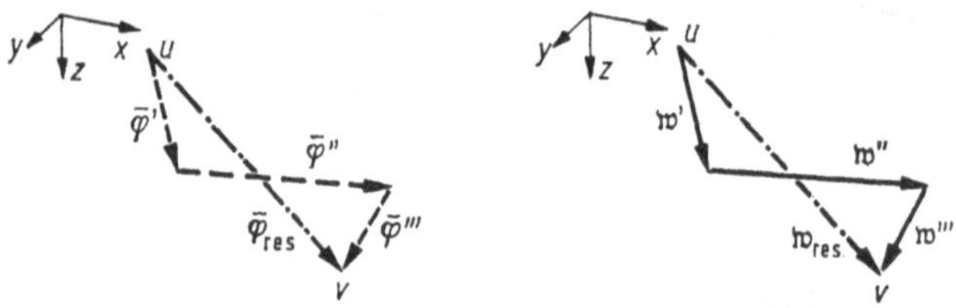

a b

Abb. 6. Geometrische Addition

Die Pfeile werden so aneinandergereiht, daß jeweils die Spitze des einen mit dem Fuß des nächsten zusammenfällt; der Fuß u des ersten Pfeiles wird mit der Spitze v des letzten durch einen von u nach v weisenden Pfeil verbunden; dieser stellt $\bar{\varphi}_{\text{res}}$ dar. Die Komponenten von $\bar{\varphi}_{\text{res}}$ sind[3]:

$$\begin{aligned} \varphi_{x\,\text{res}} &= \varphi_x' + \varphi_x'' + \cdots, \\ \varphi_{y\,\text{res}} &= \varphi_y' + \varphi_y'' + \cdots, \\ \varphi_{z\,\text{res}} &= \varphi_z' + \varphi_z'' + \cdots. \end{aligned} \tag{8}$$

Kurz wird dafür geschrieben:

$$\bar{\varphi}_{\text{res}} = \bar{\varphi}' + \bar{\varphi}'' + \cdots. \tag{9a}$$

Führt eine Stelle der Konstruktion nacheinander mehrere Wege aus, so gilt Entsprechendes für den daraus „resultierenden" Weg lt. Abb. 6b:

$$\mathfrak{w}_{\text{res}} = \mathfrak{w}' + \mathfrak{w}'' + \cdots. \tag{9b}$$

4. Zusammenhang von Wegen und Drehungen

a) Wird die vom Erdboden abgetrennte (in sich starre) Konstruktion um einen Punkt μ gedreht ($\bar{\varphi}$), so führt irgendeine andere Stelle a einen durch $\bar{\varphi}$ bestimmten Weg $\mathfrak{w}_a$ aus

[3] Siehe die Fußnote 2 auf Seite 11.

(s. Abb. 2). Um diesen durch $\bar{\varphi}$ auszudrücken, wird der Abstand des Punktes μ von a als eine von a nach μ hin gerichtete Strecke $\mathfrak{r}_{a\mu}$ aufgefaßt, also (lt. Abb. 2) als ein Vektor mit den Komponenten

$$r_{x(a\mu)} = x_\mu - x_a, \quad r_{y(a\mu)} = y_\mu - y_a, \quad r_{z(a\mu)} = z_\mu - z_a,$$

wobei x_μ, y_μ, z_μ und x_a, y_a, z_a die Koordinaten von μ und a bedeuten.

Dann gilt für die Komponenten von $\mathfrak{w}_a$ bezüglich x, y, z[4],

$$\begin{aligned} w_{x(a)} &= r_{y(a\mu)}\,\varphi_z - r_{z(a\mu)}\,\varphi_y, \\ w_{y(a)} &= r_{z(a\mu)}\,\varphi_x - r_{x(a\mu)}\,\varphi_z, \\ w_{z(a)} &= r_{x(a\mu)}\,\varphi_y - r_{y(a\mu)}\,\varphi_x. \end{aligned} \tag{10}$$

Kurz wird dafür geschrieben:

$$\mathfrak{w}_a = [\mathfrak{r}_{a\mu}\bar{\varphi}]\ (= -[\bar{\varphi}\,\mathfrak{r}_{a\mu}]), \tag{11}$$

sog. „äußeres oder Vektor-Produkt" der Vektoren $\mathfrak{r}_{a\mu}$ und $\bar{\varphi}$. (Sind beide Pfeile, die zwei Vektoren $\mathfrak{a}$ und $\mathfrak{b}$ darstellen, einander parallel, so gilt $[\mathfrak{a}\,\mathfrak{b}] = 0$, stehen sie zueinander senkrecht, so gilt $|\,[\mathfrak{a}\,\mathfrak{b}]\,| = |\,ab\,|$.)

Da $\mathfrak{w}_a$ senkrecht zu $\mathfrak{r}_{a\mu}$ ist, gilt $\mathfrak{w}_a \cdot \mathfrak{r}_{a\mu} = 0$, d. h.:

$$w_{x(a)} r_{x(a\mu)} + w_{y(a)} r_{y(a\mu)} + w_{z(a)}\, r_{z(a\mu)} = 0,$$

also

$$w_{z(a)} = w_{x(a)} \left(-\frac{r_{x(a\mu)}}{r_{z(a\mu)}}\right) + w_{y(a)} \left(-\frac{r_{y(a\mu)}}{r_{z(a\mu)}}\right);$$

daraus folgt:

ist $w_{x(a)}$ und $w_{y(a)}$ gegeben, so ist auch $w_{z(a)}$ gegeben!

Die durch den Drehpunkt μ gehende Parallele zu dem die Drehung $\bar{\varphi}$ darstellenden Pfeil wird als Drehachse bezeichnet.

---

[4] Siehe die Fußnote 2 auf Seite 11.

b) Führt die Konstruktion eine Drehung $\bar{\varphi}$ aus und beschreibt ihr Punkt o einen Weg $\mathfrak{w}_o$, so gilt (s. Gleichung 11 und Abb. 7a):

$$\mathfrak{w}_a = \mathfrak{w}_o + [\mathfrak{r}_{ao}\bar{\varphi}]. \tag{12}$$

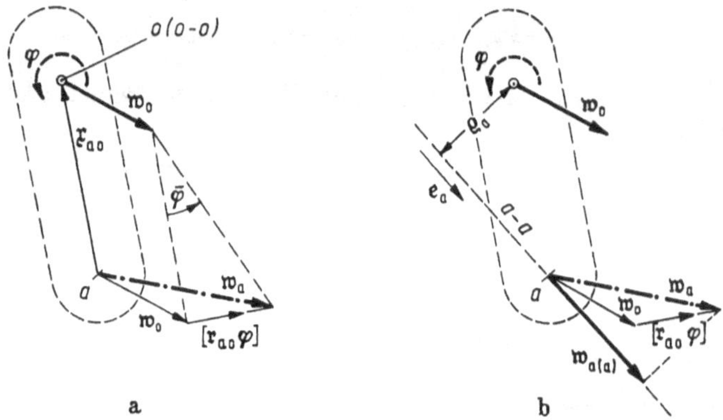

Abb. 7. Zusammenhang zwischen Weg und Drehung (Achse o—o senkrecht zur Bildebene)

Für die Komponente von $\bar{\varphi}$ bezüglich einer Geraden d—d mit dem Einheitsvektor $\mathfrak{e}_d$ gilt wieder (s. die Gleichungen 6a und 7):

$$\varphi_d = \bar{\varphi}\,\mathfrak{e}_d = \varphi_x e_{x(d)} + \varphi_y e_{y(d)} + \varphi_z e_{z(d)}. \tag{13}$$

Für die Komponente von $\mathfrak{w}$ bezüglich einer durch die Stelle a gehenden Geraden a—a mit dem Einheitsvektor $\mathfrak{e}_a$ gilt (s. die Gleichungen 6b, 7, 10, 13):

$$\begin{aligned} w_{a(a)} &= \mathfrak{w}_a \cdot \mathfrak{e}_a \\ &= \mathfrak{w}_o \cdot \mathfrak{e}_a + [\mathfrak{r}_{ao}\bar{\varphi}] \cdot \mathfrak{e}_a \end{aligned} \tag{14}$$

$$\begin{aligned} w_{a(a)} = {} & w_{x(o)} e_{x(a)} + w_{y(o)} e_{y(a)} + w_{z(o)} e_{z(a)} \\ & + [r_{y(ao)}\varphi_z - r_{z(ao)}\varphi_y]\, e_{x(a)} \\ & + [r_{z(ao)}\varphi_x - r_{x(ao)}\varphi_z]\, e_{y(a)} \\ & + [r_{x(ao)}\varphi_y - r_{y(ao)}\varphi_x]\, e_{z(a)} \end{aligned} \tag{15}$$

oder geordnet nach $\varphi_x, \varphi_y, \varphi_z$:

$$\begin{aligned} w_{a(a)} = {} & w_{x(o)} e_{x(a)} + w_{y(o)} e_{y(a)} + w_{z(o)} e_{z(a)} \\ & + \varphi_x (r_{z(ao)} e_{y(a)} - r_{y(ao)} e_{z(a)}) \\ & + \varphi_y (r_{x(ao)} e_{z(a)} - r_{z(ao)} e_{x(a)}) \\ & + \varphi_z (r_{y(ao)} e_{x(a)} - r_{x(ao)} e_{y(a)}). \end{aligned} \tag{16}$$

Im folgenden bedeute o—o eine Gerade durch den Punkt o, parallel dem die Drehung $\bar{\varphi}$ darstellenden Pfeil (also parallel der Drehachse). — Steht a—a senkrecht zu o—o und bedeutet ϱ den kürzesten Abstand zwischen a—a und o—o (s. Abb. 7), so gilt:

$$w_{a(a)} = w_{x(o)} e_{x(a)} + w_{y(o)} e_{y(a)} + w_{z(o)} e_{z(a)} \pm |\bar{\varphi}| \varrho, \tag{17}$$

wobei das Zeichen + oder — gilt, je nachdem $\mathfrak{e}_a$ gleichsinnig oder entgegen der Drehung $\bar{\varphi}$ um o—o dreht.

C. Fesselbedingungen

Umgekehrt kann gefragt werden:

Wie groß werden die 3 Drehungskomponenten $\varphi_x, \varphi_y, \varphi_z$ und die 3 Wegkomponenten $w_{x(o)}, w_{y(o)}, w_{z(o)}$ einer Stelle o, wenn der Konstruktion (an irgendwelchen Stellen) 6 beliebige Verschiebungskomponenten e i n g e p r ä g t werden? — Beispielsweise seien der Konstruktion eingeprägt:

3 Drehungskomponenten $\varphi_d = \varphi_{\mathrm{I}}, \varphi_{\mathrm{II}}, \varphi_{\mathrm{III}}$ bezüglich dreier Geraden d—d = I—I, II—II, III—III mit den Einheitsvektoren $\mathfrak{e}_d = \mathfrak{e}_{\mathrm{I}}, \mathfrak{e}_{\mathrm{II}}, \mathfrak{e}_{\mathrm{III}}$ sowie

3 Wegkomponenten $w_{a(a)} = w_{1(1)}, w_{2(2)}, w_{3(3)}$ bezüglich dreier Geraden a—a = 1—1, 2—2, 3—3 mit den Einheitsvektoren $\mathfrak{e}_a = \mathfrak{e}_1, \mathfrak{e}_2, \mathfrak{e}_3$.

(Die 3 Stellen $a = 1, 2, 3$ — oder 2 von ihnen — dürfen auch zusammenfallen.)

Dann ergeben sich 6 Gleichungen, in denen die 6 gesuchten Größen $\varphi_x, \varphi_y, \varphi_z, w_{x(o)}, w_{y(o)}, w_{z(o)}$ als U n b e k a n n t e enthalten sind, aus den Gleichungen 13 und 16, nämlich

3 Gleichungen aus Gleichung 13, indem darin statt des Zeigers d der Zeiger I, II bzw. III eingetragen wird: Gleichungen „I", „II", „III" in Tafel 1,

Tafel 1

*)	φ_x	φ_y	φ_z	$w_{x(0)}$	$w_{y(0)}$	$w_{z(0)}$	Abs.	
Gl. „I“: d = „I“	$e_{x(\mathrm{I})}$	$e_{y(\mathrm{I})}$	$e_{z(\mathrm{I})}$	0	0	0	$-\varphi_{\mathrm{I}}$	= 0
Gl. „II“: d = „II“	$e_{x(\mathrm{II})}$	$e_{y(\mathrm{II})}$	$e_{z(\mathrm{II})}$	0	0	0	$-\varphi_{\mathrm{II}}$	= 0
Gl. „III“: d = „III“	$e_{x(\mathrm{III})}$	$e_{y(\mathrm{III})}$	$e_{z(\mathrm{III})}$	0	0	0	$-\varphi_{\mathrm{III}}$	= 0
Gl. „1“: $a = 1$	$r_{z(10)}\, e_{y(1)}$ $-r_{y(10)}\, e_{z(1)}$	$r_{x(10)}\, e_{z(1)}$ $-r_{z(10)}\, e_{x(1)}$	$r_{y(10)}\, e_{x(1)}$ $-r_{x(10)}\, e_{y(1)}$	$e_{x(1)}$	$e_{y(1)}$	$e_{z(1)}$	$-w_{1(1)}$	= 0
Gl. „2“: $a = 2$	$r_{z(20)}\, e_{y(2)}$ $-r_{y(20)}\, e_{z(2)}$	$r_{x(20)}\, e_{z(2)}$ $-r_{z(20)}\, e_{x(2)}$	$r_{y(20)}\, e_{x(2)}$ $-r_{x(20)}\, e_{y(2)}$	$e_{x(2)}$	$e_{y(2)}$	$e_{z(2)}$	$-w_{2(2)}$	= 0
Gl. „3“: $a = 3$	$r_{z(30)}\, e_{y(3)}$ $-r_{y(30)}\, e_{z(3)}$	$r_{x(30)}\, e_{z(3)}$ $-r_{z(30)}\, e_{x(3)}$	$r_{y(30)}\, e_{x(3)}$ $-r_{x(30)}\, e_{y(3)}$	$e_{x(3)}$	$e_{y(3)}$	$e_{z(3)}$	$-w_{3(3)}$	= 0

An die Stelle je einer der Gleichungen „I“, „II“, „III“, kann eine der Gleichungen „4“, „5“, „6“ treten:

Gl. „4“: $a = 4$	$r_{z(40)}\, e_{y(4)}$ $-r_{y(40)}\, e_{z(4)}$	$r_{x(40)}\, e_{z(4)}$ $-r_{z(40)}\, e_{x(4)}$	$r_{y(40)}\, e_{x(4)}$ $-r_{x(40)}\, e_{y(4)}$	$e_{x(4)}$	$e_{y(4)}$	$e_{z(4)}$	$-w_{4(4)}$	= 0
Gl. „5“: $a = 5$	$r_{z(50)}\, e_{y(5)}$ $-r_{y(50)}\, e_{z(5)}$	$r_{x(50)}\, e_{z(5)}$ $-r_{z(50)}\, e_{x(5)}$	$r_{y(50)}\, e_{x(5)}$ $-r_{x(50)}\, e_{y(5)}$	$e_{x(5)}$	$e_{y(5)}$	$e_{z(5)}$	$-w_{5(5)}$	= 0
Gl. „6“: $a = 6$	$r_{z(60)}\, e_{y(6)}$ $-r_{y(60)}\, e_{z(6)}$	$r_{x(60)}\, e_{z(6)}$ $-r_{z(60)}\, e_{x(6)}$	$r_{y(60)}\, e_{x(6)}$ $-r_{x(60)}\, e_{y(6)}$	$e_{x(6)}$	$e_{y(6)}$	$e_{z(6)}$	$-w_{6(6)}$	= 0

*) Z. B. die Gleichung „I“ ist so zu lesen:
$\varphi_x \cdot e_{x(\mathrm{I})} + \varphi_y \cdot e_{y(\mathrm{I})} + \varphi_z \cdot e_{z(\mathrm{I})} + w_x \cdot 0 + w_y \cdot 0 + w_z \cdot 0 - \varphi_{\mathrm{I}} = 0.$
Ist z. B. e_{I} parallel und gleichsinnig der Koordinatenachse x, so ist $e_{x(\mathrm{I})} = 1$, $e_{y(\mathrm{I})} = e_{z(\mathrm{I})} = 0$ usw.

3 weitere Gleichungen aus Gleichung 16, indem darin statt des Zeigers a der Zeiger 1, 2 bzw. 3 eingetragen wird: Gleichungen „1", „2", „3" in Tafel 1.

An Stelle von 3 Drehungs- und 3 Wegkomponenten können der Konstruktion auch

nur 2, 1 oder 0 Drehungskomponenten $\varphi_{\mathrm{I}}, \ldots$ und — an geeigneten Stellen —

4, 5 bzw. 6 Wegkomponenten $w_{1(1)}, \ldots w_{4(4)}, \ldots$

eingeprägt werden.

Zur Berechnung der 6 gesuchten Drehungs- und Wegkomponenten $\varphi_x, \varphi_y, \varphi_z, w_{x(o)}, w_{y(o)}, w_{z(o)}$ ergeben sich dann aus den Gleichungen 13 und 16:

nur 2, 1 oder 0 Gleichungen der ersten Art: Gleichungen „I", ... in Tafel 1,

dagegen 4, 5 oder 6 Gleichungen der zweiten Art: Gleichungen „1", ... „4", ... in Tafel 1.

Die jeweils geltenden 6 Gleichungen sind nach $\varphi_x, \varphi_y, \varphi_z$ und $w_{x(o)}, w_{y(o)}, w_{z(o)}$ auflösbar, wenn ihre Nennerdeterminante Δ ungleich Null ist. In dieser treten die Komponenten der Einheitsvektoren $\mathfrak{e}_d$ und $\mathfrak{e}_a$, desgl. (über $\mathfrak{r}$ eingehend) die Koordinaten der Punkte $a = 1, 2, \ldots$ sowie des Punktes o als Parameter auf.

Die Komponenten $\varphi_x, \varphi_y, \varphi_z$ und $w_{x(o)}, w_{y(o)}, w_{z(o)}$ des beliebig gewählten Punktes o, d. h. jedes Punktes der (in sich starr gedachten) Konstruktion, ergeben sich zu Null, wenn die 6 (an geeigneten Stellen) eingeprägten Verschiebungskomponenten $\varphi_{\mathrm{I}}, \ldots w_{1(1)}, \ldots$ gleich Null gesetzt werden (vorausgesetzt, daß die 6 geltenden Gleichungen eindeutig auflösbar sind, daß also $\Delta \gtrless 0$ ist). Die eingangs unterstellte Unverschieblichkeit einer Baukonstruktion ($\bar{\varphi} = 0$, $\mathfrak{w}_o = 0$) wird somit erreicht, wenn durch konstruktive Maßnahmen (Fesselung) für folgendes gesorgt wird — „Fesselbedingungen":

6 Verschiebungskomponenten $\varphi_{\mathrm{I}}, \ldots w_{1(1)}, \ldots$, unter denen bis zu 3 Drehungskomponenten $\varphi_{\mathrm{I}}, \ldots$ enthalten sein können, müssen gleich Null sein. Die ihnen zugehörigen Einheitsvektoren $\mathfrak{e}_{\mathrm{I}}, \ldots \mathfrak{e}_1, \ldots$ sowie die Stellen $1, \ldots$ müssen so gewählt sein, daß die Nennerdeterminante der entsprechenden 6 Gleichungen ungleich Null ist.

D. Erfüllung der Fesselbedingungen

1. Fesseln und Lagerelemente

Daß irgendeine Drehungskomponente, z. B. φ_d, gleich Null ist, kann mittels einer „Drehfessel", parallel *d—d*, erzielt werden, wie sie in Abb. 8 veranschaulicht wird: Hülse, parallel

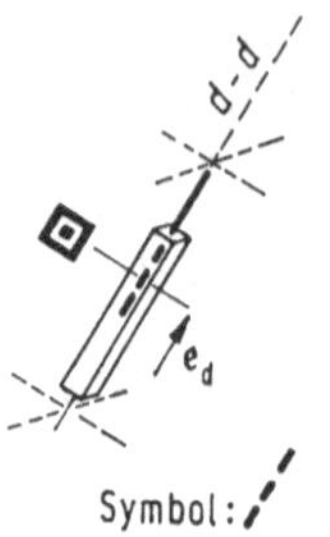

Abb. 8. Drehfessel

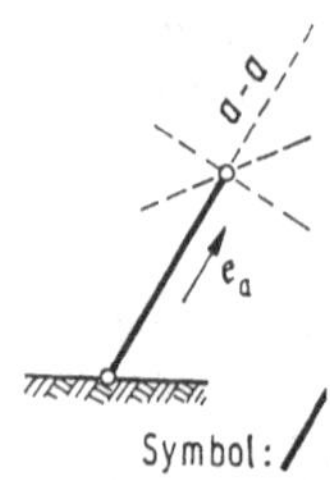

Abb. 9. Wegfessel (Pendelstütze)

d—d, mit einem in ihr gleitenden Stab, der sich nicht gegen die Hülse drehen kann, mit Kreuzgelenken einerseits am Erdboden, andererseits an der Baukonstruktion angeschlossen.

Daß irgendeine Wegkomponente, z. B. $w_{a(a)}$, gleich Null ist, kann mittels einer „Wegfessel" oder „Pendelstütze", parallel *a—a*, erzielt werden, wie sie in Abb. 9 veranschaulicht wird: Stab, parallel *a—a* mit Kugelgelenk einerseits am Erdboden, andererseits am Punkt *a* der Baukonstruktion mit Kreuzgelenk angeschlossen.

Die Gerade, die durch beide Endpunkte einer Drehfessel oder einer Wegfessel hindurchgeht, wird im folgenden als „Fessellinie" bezeichnet; ihr sei ein Einheitsvektor zugeteilt, der mit seiner Spitze auf die Baukonstruktion weisen soll:

$$\mathfrak{e}_d \text{ mit den Komponenten } e_{x(d)}, e_{y(d)}, e_{z(d)}$$

bzw.

$$\mathfrak{e}_a \text{ mit den Komponenten } e_{x(a)}, e_{y(a)}, e_{z(a)}.$$

Die gebräuchlichen Lagerelemente, z. B. Rollenlager, Anschlußgelenke, Einspannungen usw., werden, wie Abb. 10 zeigt, als Kombinationen von Fesseln der vorgenannten Art aufgefaßt.

Entspricht die mit solchen Elementen oder mit Pendelstützen usw. (s. oben) herbeigeführte Fesselung einer Baukonstruktion den voranstehenden Bedingungen für die Unverschieblichkeit (6 Fesseln; $\Delta \gtrless 0$), so wird sie als „stabile Fesselung (oder Lagerung) mit 6 Fesseln" bezeichnet (s. z. B. die Abb. 17, 23, 29, 39).

2. Unzulässige Anordnungen

Ist zufolge einer ungeeigneten Wahl oder Anordnung der 6 Fesseln die Nennerdeterminante Δ der 6 Fesselbedingungen (s. Abschnitt I C und Tafel 1) gleich Null, so sind Verschiebungen der Konstruktion (zumindest kleine, im Sinne von Differentialen) möglich, mit anderen Worten: so ist die Lagerung unstabil. Solches ist beispielsweise der Fall,

wenn mehr als 3 der Fesseln Drehfesseln sind,

wenn 2 Drehfessellinien zusammenfallen oder einander parallel sind,

wenn 3 Drehfessellinien zu einer Ebene parallel sind,

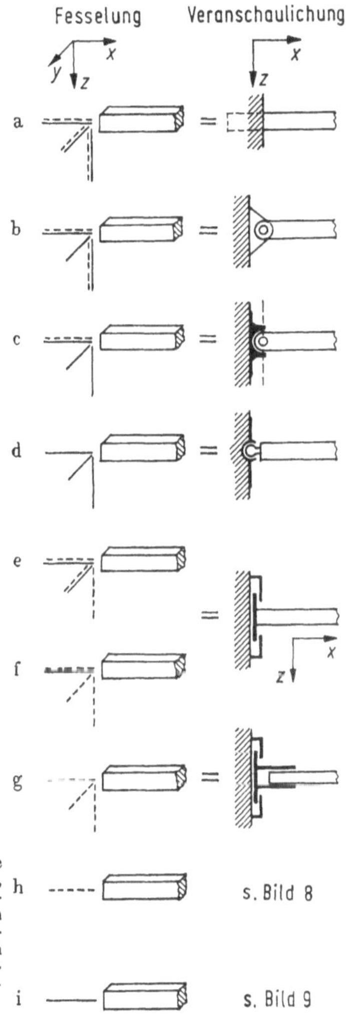

Abb. 10. Lager- und Verbindungselemente *a*) dreh- und wegfeste Einspannung, *b*) Zylindergelenk, *c*) Kreuzgelenk, *d*) Kugelgelenk, *e*) Linienführung (evtl. mit Rollen zwischen den Gleitflächen), *f*) Flächenführung (evtl. mit Kugeln zwischen den Gleitflächen), *g*) drehfeste Wegverschieblichkeit, *h*) Drehfessel, *i*) Wegfessel = Pendelstütze

wenn 2 Wegfessellinien zusammenfallen,

wenn mehr als 3 Wegfessellinien durch einen Punkt gehen oder zueinander parallel sind,

wenn mehr als 3 Wegfessellinien in einer Ebene liegen,

wenn 6 Wegfessellinien eine Gerade schneiden oder zu einer Ebene parallel sind,

ferner wenn eine Drehfessel zu 2 zueinander parallelen Wegfesseln senkrecht steht,

wenn eine Drehfessel zu 3 in einer Ebene liegenden Wegfesseln senkrecht steht,

wenn 3 in einer Ebene liegende Wegfessellinien sich in einem Punkt schneiden oder zueinander parallel sind.

II. Gleichgewicht

A. Vorbemerkung

Die an einer Baukonstruktion angreifenden Kräfte wirken teils flächenhaft verteilt (kp/cm², Mp/m²) — z. B. der Winddruck, die Schneelast oder der durch Schienen, Schwellen usw. übertragene Raddruck von Fahrzeugen —, teils räumlich verteilt (kp/cm³, Mp/m³) — z. B. das Eigengewicht. Bei den im folgenden behandelten Baukonstruktionen kann unterstellt werden,

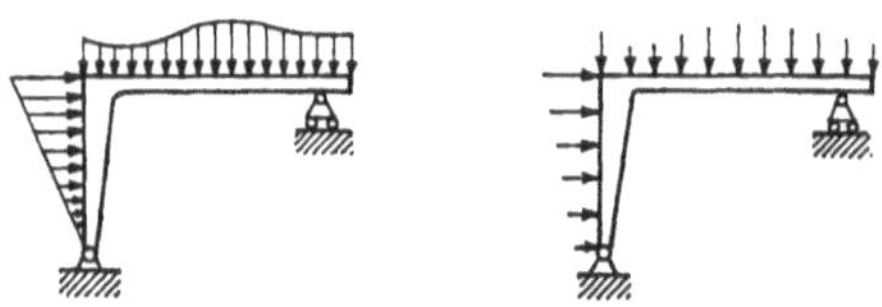

Abb. 11. Belastung

daß die so verteilten Kräfte, ohne daß nennenswerte Fehler entstehen, durch linienhaft verteilte Kräfte (kp/cm, Mp/m) oder durch Gruppen von einzelnen Kräften (s. Abb. 11) ersetzt werden können.

B. Kräfte und Momente

1. *Darstellung*

Eine Kraft $\mathfrak{P}$ ist ein Vektor, für dessen Darstellung durch einen Pfeil folgendes gelte (s. Abb. 12):

Die Länge des Pfeiles kennzeichne den Absolutbetrag $|\mathfrak{P}|$ der Kraft; der Pfeil liege parallel der Kraftrichtung; die Pfeil-Spitze kennzeichne den Richtungs-Sinn der Kraft. — Die durch den Angriffspunkt einer Kraft an der Konstruktion gehende, der Kraft parallele Gerade wird „Wirkungslinie“ der Kraft genannt.

Zwei einander parallele Kräfte mit gleichem Absolutbetrag, jedoch entgegengesetztem Richtungs-Sinn

$$\mathfrak{P},\ \mathfrak{P}^* = -\mathfrak{P},$$

(s. Abb. 13) werden als ein Kräftepaar bezeichnet. Die für das Folgende wesentlichen Eigenschaften eines Kräftepaares werden durch sein „Moment“ $\mathfrak{M}$ beschrieben; das ist ein Vektor, für dessen Darstellung durch einen Pfeil folgendes gelte:

Die Länge des Pfeiles kennzeichne den Absolutbetrag $|\mathfrak{M}| = |\mathfrak{P}|\,\varrho$, wobei ϱ den kürzesten Abstand zwischen den Wirkungslinien der beiden Kräfte bedeutet: der Pfeil stehe

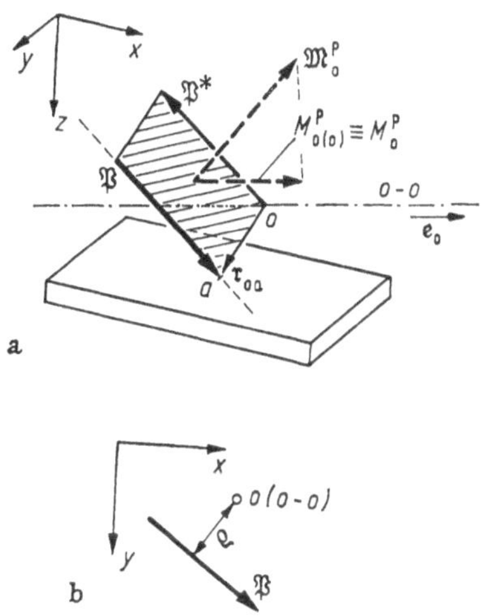

Abb. 12. Kraft

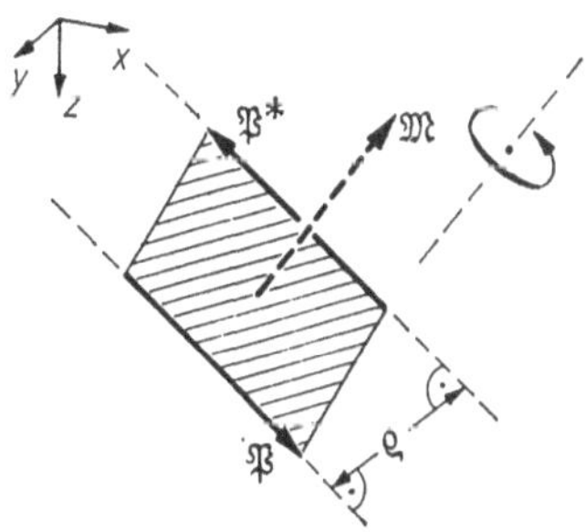

Abb. 13. Kräftepaar

senkrecht zur Ebene des Kräftepaares; die Pfeil-Spitze kennzeichne den Richtungs-Sinn, in dem — entlang dem Pfeil — zu blicken ist, damit das Kräftepaar im Uhrzeigersinn drehend erscheint. — Der Anschaulichkeit wegen wird ein Moment oft auch durch einen krummen Pfeil (s. Abb. 13) oder durch ein Paar von zwei entgegengesetzt gleichen Kräften (also als „Kräftepaar") angedeutet.

Der Absolutbetrag $|\mathfrak{M}|$ eines Kräftepaares ist (sofern $|\mathfrak{P}| > 0$) dann und nur dann gleich Null, wenn $\mathfrak{P}$ und $\mathfrak{P}^*$ die gleiche Wirkungslinie besitzen.

Bedarfsweise wird unter Verwendung von Einheitsvektoren $\mathfrak{e}$ geschrieben (vgl. Gleichung 1 und Abb. 14):

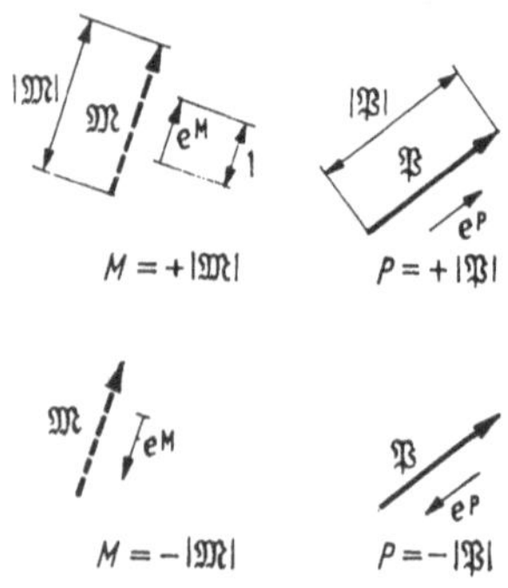

Abb. 14. Einheitsvektor und Betrag eines Vektors

$$\mathfrak{P} = P\,\mathfrak{e}^P, \quad \mathfrak{M} = M\,\mathfrak{e}^M; \tag{18}$$

dabei bedeuten P und M die „Beträge" von $\mathfrak{P}$ und $\mathfrak{M}$, nämlich:

$$P = \pm|\mathfrak{P}|, \quad M = \pm|\mathfrak{M}|, \tag{19}$$

wobei das Zeichen + oder — gilt, je nachdem der Richtungs-Sinn von $\mathfrak{P}$ bzw. von $\mathfrak{M}$ gleich oder entgegengesetzt dem von $\mathfrak{e}^P$ bzw. $\mathfrak{e}^M$ ist.

2. *Komponenten*

Analog Gleichung 3 und 4 gilt zur Beschreibung von $\mathfrak{P}$ und $\mathfrak{M}$ durch Komponenten $P_x, P_y, P_z, M_x, M_y, M_z$ (s. Abb. 14, 15):

$$\begin{aligned} P_x &= P e_x^P, & P_y &= P e_y^P, & P_z &= P e_z^P, \\ M_x &= M e_x^M, & M_y &= M e_y^M, & M_z &= M e_z^M \end{aligned} \tag{20}$$

ferner:

$$\begin{aligned} |\mathfrak{P}| &= \left|\sqrt{P_x^2 + P_y^2 + P_z^2}\right| = |P|, \\ |\mathfrak{M}| &= \left|\sqrt{M_x^2 + M_y^2 + M_z^2}\right| = |M|. \end{aligned} \tag{21}$$

Für die Komponente von $\mathfrak{P}$ bzw. $\mathfrak{M}$ bezüglich einer Geraden a—a oder d—d mit dem Einheitsvektor $\mathfrak{e}_a$ bzw. $\mathfrak{e}_d$ gilt analog Gleichung 5, 6, 7 (vgl. Abb. 5):

$$P_a = |\mathfrak{P}| \cos \omega_a, \quad M_d = |\mathfrak{M}| \cos \omega_d; \tag{22}$$

$$\begin{aligned} P_a &= \mathfrak{P}\mathfrak{e}_a = P_x e_{x(a)} + P_y e_{y(a)} + P_z e_{z(a)}, \\ M_d &= \mathfrak{M}\mathfrak{e}_d = M_x e_{x(d)} + M_y e_{y(d)} + M_z e_{z(d)} \end{aligned} \tag{23}$$

oder mit $\mathfrak{P} = P\,\mathfrak{e}^P$, $\mathfrak{M} = M\,\mathfrak{e}^M$:

$$\begin{aligned} P_a &= P\,\mathfrak{e}^P\mathfrak{e}_a = P(e_x^P\, e_{x(a)} + e_y^P e_{y(a)} + e_z^P e_{z(a)}), \\ M_d &= M\,\mathfrak{e}^M\mathfrak{e}_d = M(e_x^M e_{x(d)} + e_y^M e_{y(d)} + e_z^M e_{z(d)}). \end{aligned} \tag{24}$$

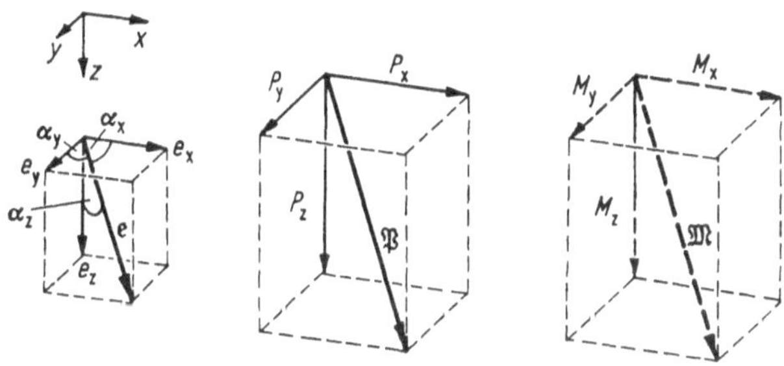

Abb. 15. Komponenten bezüglich der Koordinatenachsen

Ist z. B. $\mathfrak{P}$ parallel $\mathfrak{e}_a$ (d. h.: $\omega_a = 0$ oder $= 180°$), so gilt

$$P_a = \pm |\mathfrak{P}| = \pm |P|, \tag{25}$$

je nachdem der Richtungssinn von $\mathfrak{P}$ gleich oder entgegengesetzt dem von $\mathfrak{e}_a$ ist.

3. *Vektorielle Addition*

Wirken an einer Stelle a gleichzeitig mehrere Kräfte $\mathfrak{P}'$, $\mathfrak{P}''$, ... (s. Abb. 16), so werden diese bedarfsweise zu einer „resultierenden" Kraft

$$\mathfrak{P}_{\text{res}} = \mathfrak{P}' + \mathfrak{P}'' + \cdots \tag{26}$$

zusammengefaßt, deren Wirkungslinie durch a geht (geometrische Addition analog Gleichung 8 und 9).

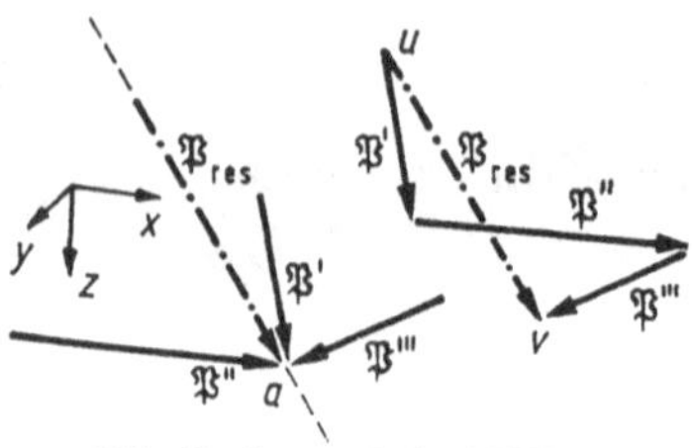

Abb. 16. Geometrische Addition

Wirken irgendwo an der Konstruktion gleichzeitig mehrere Momente $\mathfrak{M}'$, $\mathfrak{M}''$, ..., so werden diese bedarfsweise zu einem resultierenden Moment

$$\mathfrak{M}_{res} = \mathfrak{M}' + \mathfrak{M}'' + \cdots \quad (26\text{b})$$

zusammengefaßt (s. auch die Erweiterung dieser Begriffe in Abschnitt II E).

4. Zusammenhang von Momenten und Kräften

a) Unter dem

„Moment $\mathfrak{M}_o^P$ einer Kraft $\mathfrak{P}$ bezüglich eines Punktes o“ wird das Moment desjenigen Kräftepaares verstanden (s. Abb. 12a), das sich ergibt, wenn im Punkt o eine der Kraft $\mathfrak{P}$ entgegengesetzt gleiche Kraft $\mathfrak{P}^* = -\mathfrak{P}$ wirkend angenommen wird.

Um $\mathfrak{M}_o^P$ durch $\mathfrak{P}$ auszudrücken, wird der Abstand des Punktes o vom Angriffspunkt a der Kraft $\mathfrak{P}$ als eine von o nach a hin gerichtete Strecke $\mathfrak{r}_{oa}$ aufgefaßt, also lt. Abb. 12a als ein Vektor mit den Komponenten

$$r_{x(oa)} = x_a - x_o, \quad r_{y(oa)} = y_a - y_o, \quad r_{z(oa)} = z_a - z_o$$

($x_o, y_o, z_o; x_a, y_a, z_a$ = Koordinaten von o und a).

Dann gilt (vgl. Gleichung 11)[5]:

$$\mathfrak{M}_o^P = [\mathfrak{r}_{oa}\,\mathfrak{P}] \quad (27)$$

mit folgenden Komponenten bezüglich x, y, z (vgl. Gleichung 10):

$$\begin{aligned} M_{x(o)}^P &= r_{y(oa)}\,P_z - r_{z(oa)}\,P_y, \\ M_{y(o)}^P &= r_{z(oa)}\,P_x - r_{x(oa)}\,P_z, \\ M_{z(o)}^P &= r_{x(oa)}\,P_y - r_{y(oa)}\,P_x. \end{aligned} \quad (28)$$

[5] Siehe W. Müller, Dynamik I; Sammlung Göschen, Bd. 902.

Da $\mathfrak{M}_o^P$ senkrecht zu $\mathfrak{r}_{oa}$ ist, gilt $\mathfrak{M}_o^P \cdot \mathfrak{r}_{oa} = 0$, d. h.

$$M_{x(o)}^P\, r_{x(oa)} + M_{y(o)}^P\, r_{y(oa)} + M_{z(o)}^P\, r_{z(oa)} = 0,$$

also

$$M_{z(o)}^P = M_{x(o)}^P \left(-\frac{r_{x(oa)}}{r_{z(oa)}}\right) + M_{y(o)}^P \left(-\frac{r_{y(oa)}}{r_{z(oa)}}\right);$$

daraus folgt:

Ist $M_{x(o)}^P$ und $M_{y(o)}^P$ gegeben, so ist auch $M_{z(o)}^P$ gegeben!

Mit $\mathfrak{P} = P\mathfrak{e}$ folgt:

$$\mathfrak{M}_o^P = P[\mathfrak{r}_{oa}\mathfrak{e}]; \tag{29}$$

$$\begin{aligned} M_{x(o)}^P &= P(r_{y(oa)}e_z - r_{z(oa)}e_y),\\ M_{y(o)}^P &= P(r_{z(oa)}e_x - r_{x(oa)}e_z),\\ M_{z(o)}^P &= P(r_{x(oa)}e_y - r_{y(oa)}e_x). \end{aligned} \tag{30}$$

Diese Ausdrücke bleiben auch gültig, wenn an Stelle des Kraft-Angriffspunktes a ein beliebiger Punkt auf der Wirkungslinie von $\mathfrak{P}$ gewählt wird.

$\mathfrak{M}_o^P$ ist (sofern $P \gtrless 0$) dann und nur dann gleich Null, wenn die Wirkungslinie von $\mathfrak{P}$ durch den Punkt o geht.

b) Für die Komponente von $\mathfrak{M}_o^P$ bezüglich einer durch den Punkt o gehenden Geraden o—o mit dem Einheitsvektor $\mathfrak{e}_o$ (s. Abb. 12a) gilt lt. Gleichung 23:

$$\begin{aligned} M_{o(o)}^P &= \mathfrak{M}_o^P\,\mathfrak{e}_o \quad (= [\mathfrak{r}_{oa}\mathfrak{P}]\,\mathfrak{e}_o)\\ &= M_{x(o)}^P e_{x(o)} + M_{y(o)}^P e_{y(o)} + M_{z(o)}^P e_{z(o)} \end{aligned} \tag{31}$$

mit $M_{x(o)}^P$, $M_{y(o)}^P$, $M_{z(o)}^P$ nach Gleichung 28 oder mit $\mathfrak{P} = P\mathfrak{e}$ (s. Gleichung 29, 30):

$$\begin{aligned} M_{o(o)}^P &= P[\mathfrak{r}_{oa}\mathfrak{e}]\,\mathfrak{e}_o\\ &= P\{(r_{y(oa)}e_z - r_{z(oa)}e_y)\,e_{x(o)}\\ &\quad + (r_{z(oa)}e_x - r_{x(oa)}e_z)\,e_{y(o)}\\ &\quad + (r_{x(oa)}e_y - r_{y(oa)}e_x)\,e_{z(o)}\}. \end{aligned} \tag{32}$$

Diese Ausdrücke bleiben auch gültig, wenn an Stelle von o ein beliebiger anderer Punkt auf o—o gewählt wird; deshalb wird $M_{o(o)}^P$ als das

„Moment der Kraft $\mathfrak{P}$ bezüglich der Geraden (Achse) o—o" bezeichnet, und statt $M^P_{o(o)}$ wird kürzer geschrieben: M^P_o. M^P_o ist (bei $P \gtrless 0$) dann und nur dann gleich Null, wenn die Wirkungslinie von $\mathfrak{P}$ die Achse o—o schneidet oder ihr parallel ist.

Steht die Gerade o—o senkrecht zur Wirkungslinie von $\mathfrak{P}$ (s. Abb. 12b) und bedeutet ϱ den kürzesten Abstand zwischen diesen beiden Geraden, so gilt:

$$M^P_o (= P[\mathfrak{r}_{oa}\mathfrak{e}]\mathfrak{e}_o) = \pm |\mathfrak{P}| \varrho = \pm |P| \varrho, \qquad (33)$$

wobei das Zeichen + oder — gilt, je nachdem $\mathfrak{P}$, im Richtungssinn von $\mathfrak{e}_o$ betrachtet, im oder entgegen dem Uhrzeigersinn um o—o drehend erscheint. ϱ wird als „Hebelarm von $\mathfrak{P}$ bezüglich der Achse o—o" bezeichnet.

Liegt die Wirkungslinie von $\mathfrak{P}$ z. B. in der Koordinatenebene zx und ist $\mathfrak{e}_o$ parallel und gleichsinnig der Koordinatenachse y (s. Abb. 12b), so gilt das Zeichen + oder —, je nachdem $\mathfrak{P}$ im oder entgegen dem positiven Koordinaten-Drehsinn zx um o—o dreht.

Ist in einer bildlichen Darstellung $\mathfrak{P}$ mit positivem Betrag P eingetragen, wie es zur Herleitung von allgemein gültigen Beziehungen stets notwendig ist, so kann einfacher geschrieben werden:

$$M^P = \pm P \varrho. \qquad (34)$$

C. Eingeprägte Lasten und Fessellasten

1. *Eingeprägte Lasten*

Eine mit 6 Fesseln angeschlossene (in sich starre) Konstruktion (s. z. B. Abb. 18, 23, 29, 39) sei mit Kräften $\mathfrak{P}^!_\varkappa$ belastet, evtl. auch mit Kräftepaaren, von denen nur die Momente $\mathfrak{M}^!_\varkappa$ gegeben seien: „eingeprägte" Kräfte, „eingeprägte" Momente, — im folgenden zusammenfassend als eingeprägte Lasten bezeichnet[6].

[6] Mit dieser zusammenfassenden Verwendung des Wortes „Last" für Kräfte und für Momente (von Kräftepaaren) wird zwecks kurzer Ausdrucksweise vom üblichen Sprachgebrauch abgewichen.

2. *Fessellasten*

Über die Fesseln wirken bei einem solchen Belastungszustand — vom Erdboden her — auf die Konstruktion i. a. noch folgende Kräfte und Momente (s. Abb. 17a):

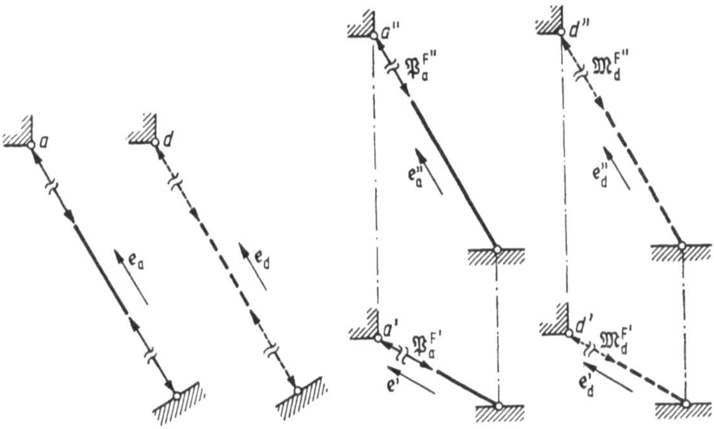

a b c

Abb. 17. Fessellasten

an den Anschlußstellen *a* der Wegfesseln die sog. „Reaktionskräfte" mit den Wegfessellinien als Wirkungslinien,

an den Anschlußstellen *d* der Drehfesseln die sog. „Reaktionsmomente", aufzufassen als Momente von Kräftepaaren in Ebenen senkrecht zu den einzelnen Drehfessellinien.

Umgekehrt wirken — von der Konstruktion her — auf den Erdboden:

über die Wegfesseln die den Reaktionskräften entgegengesetzt gleichen „Aktionskräfte",

über die Drehfesseln die den Reaktionsmomenten entgegengesetzt gleichen „Aktionsmomente".

Um die Aktions- und Reaktionskräfte einer Wegfessel *a* zu veranschaulichen, wird die Wegfessel lt. Abb. 17b zerschnitten dargestellt, und an den Schnittufern werden entgegengesetzt gleiche Pfeile eingetragen:

am konstruktionsseitigen Schnittufer (Reaktionskraft) im Sinne des Einheitsvektors $\mathfrak{e}_a$ der Wegfessellinie weisend, am bodenseitigen Schnittufer (Aktionskraft) entgegengesetzt weisend.

Statt von der „Aktions- und Reaktionskraft" der Wegfessel a wird im folgenden kurz von ihrer „Fesselkraft" $\mathfrak{P}_a^F$ gesprochen.

Positiver Betrag P_a^F von $\mathfrak{P}_a^F$ besagt dann lt. Abb. 17b: Der die Reaktionskraft darstellende Pfeil weist im Sinne von $\mathfrak{e}_a$, der die zugehörige Aktionskraft darstellende weist entgegen $\mathfrak{e}_a$.

Werden die Fessellinien parallel eines festen Koordinatensystems x, y, z eingeführt, dann werden die Reaktionskräfte A und die Reaktionsmomente D positiv gezählt, wenn sie entgegen den positiven Richtungen $+x$, $+y$, $+z$ auf die Konstruktion wirken, vgl. Abb. 23.

Entsprechendes gilt für die Darstellung des Reaktions- und Aktionsmomentes einer Drehfessel d mit dem Einheitsvektor $\mathfrak{e}_d$: Darstellung nach Abb. 17c, Kurzbezeichnung „Fesselmoment" $\mathfrak{M}_d^F$ mit Betrag M_d^F.

Fesselkräfte und Fesselmomente werden zusammenfassend „Fessellasten" genannt[7].

D. Gleichgewichtsbedingungen

Näheres über die Beträge P^F, M^F bzw. A der Fessellasten zu einem gegebenen Belastungszustand mit eingeprägten Kräften $\mathfrak{P}_\varkappa^!$ und Momenten $\mathfrak{M}_\varkappa^!$ lt. Abschnitt C ergibt sich aus folgendem:

Eine stabil gelagerte Konstruktion kann keine beschleunigte Bewegung ausführen; die an ihr wirkenden Lasten (eingeprägte Lasten, Reaktionskräfte und Reaktionsmomente) erfüllen somit die aus der Mechanik bekannten „Gleichgewichtsbedingungen"[8], d. h.:

Die nachstehend gekennzeichneten Summen Σ_1 und Σ_2 sind gleich Null,

[7] Siehe die Fußnote 6.

[8] Siehe W. Müller, Dynamik I; Sammlung Göschen, Bd. 902.

Σ_1 = geometrische Summe über die Reaktions- und eingeprägten Kräfte;

Σ_2 = geometrische Summe über die Momente der Reaktions- und eingeprägten Kräfte bezüglich eines beliebig gewählten Punktes o, über die Reaktionsmomente und — soweit von Paaren eingeprägter Kräfte nur die Momente gegeben sind — über die Momente dieser Kräftepaare.

Die Gleichgewichtsbedingungen $\Sigma_1 = 0$ und $\Sigma_2 = 0$ sind in den nachfolgenden Gleichungen 35 und 36 formelmäßig angeschrieben. Dabei sind die eingeprägten Kräfte wieder mit $\mathfrak{P}^!_\varkappa$ bezeichnet, die Momente derjenigen eingeprägten Kräftepaare, von denen nur die Momente gegeben sind, wieder mit $\mathfrak{M}^!_\varkappa$, die Reaktionskräfte und die Reaktionsmomente dagegen mit $\mathfrak{P}^F_a$ und $\mathfrak{M}^F_d$.

Kräfte-Gleichgewichtsbedingung $\Sigma_1 = 0$:

$$\sum_a \mathfrak{P}^F_a + \sum_\varkappa \mathfrak{P}^!_\varkappa = 0, \tag{35}$$

Momenten-Gleichgewichtsbedingung bezüglich eines beliebig gewählten Punktes o (s. auch Gleichung 27) $\Sigma_2 = 0$:

$$\sum_a \mathfrak{M}^{P^F}_o + \sum_d \mathfrak{M}^F_d + \sum_\varkappa \mathfrak{M}^{P^!_\varkappa}_o + \sum_\varkappa \mathfrak{M}^!_\varkappa = 0 \tag{36a}$$

oder mit Gleichung 27:

$$\sum_a [\mathfrak{r}_{oa}\,\mathfrak{P}^F_a] + \sum_d \mathfrak{M}^F_d + \sum_\varkappa [\mathfrak{r}_{o\varkappa}\,\mathfrak{P}^!_\varkappa] + \sum_\varkappa \mathfrak{M}^!_\varkappa = 0. \tag{36b}$$

Lt. Gleichung 18 (angewendet auf $\mathfrak{P}^F_a$ und $\mathfrak{M}^F_d$) kann statt Gleichung 35 und 36b geschrieben werden:

$$\sum_a P^F_a\,\mathfrak{e}_a + \sum_\varkappa \mathfrak{P}^!_\varkappa = 0, \tag{37}$$

$$\sum_a P^F_a [\mathfrak{r}_{oa}\,\mathfrak{e}_a] + \sum_d M^F_d\,\mathfrak{e}_d + \sum_\varkappa [\mathfrak{r}_{o\varkappa}\,\mathfrak{P}^!_\varkappa] + \sum_\varkappa \mathfrak{M}^!_\varkappa = 0. \tag{38}$$

Indem beide Gleichungen in Komponenten bezüglich x, y, z geschrieben werden (s. Gleichung 28, 30), ergeben sich 6 Gleichungen,

die „Kräftegleichungen bezüglich der Richtungen x, y, z": Gleichungen „P_x", „P_y", „P_z" in Tafel 2,

die „Momentengleichungen bezüglich der Achsen x, y, z": Gleichungen „$M_{x(o)}$", „$M_{y(o)}$", „$M_{z(o)}$" in Tafel 2.

Tafel 2

*)	P_1^F	P_2^F	P_3^F	M_I^F	M_{II}^F	M_{III}^F
Gl. „P_x“	$e_{x(1)}$	$e_{x(2)}$	$e_{x(3)}$	0	0	0
Gl. „P_y“	$e_{y(1)}$	$e_{y(2)}$	$e_{y(3)}$	0	0	0
Gl. „P_z“	$e_{z(1)}$	$e_{z(2)}$	$e_{z(3)}$	0	0	0
Gl. „$M_{x(0)}$“	$r_{y(01)}\, e_{z(1)}$ $-r_{z(01)}\, e_{y(1)}$	$r_{y(02)}\, e_{z(2)}$ $-r_{z(02)}\, e_{y(2)}$	$r_{y(03)}\, e_{z(3)}$ $-r_{z(03)}\, e_{y(3)}$	$e_{x(I)}$	$e_{x(II)}$	$e_{x(III)}$
Gl. „$M_{y(0)}$“	$r_{z(01)}\, e_{x(1)}$ $-r_{x(01)}\, e_{z(1)}$	$r_{z(02)}\, e_{x(2)}$ $-r_{x(02)}\, e_{z(2)}$	$r_{z(03)}\, e_{x(3)}$ $-r_{x(03)}\, e_{z(3)}$	$e_{y(I)}$	$e_{y(II)}$	$e_{y(III)}$
Gl. „$M_{z(0)}$“	$r_{x(01)}\, e_{y(1)}$ $-r_{y(01)}\, e_{x(1)}$	$r_{x(02)}\, e_{y(2)}$ $-r_{y(02)}\, e_{x(2)}$	$r_{x(03)}\, e_{x(3)}$ $-r_{y(03)}\, e_{y(3)}$	$e_{z(I)}$	$e_{z(II)}$	$e_{z(III)}$

*) Z. B. die Gleichung „P_x“ ist so zu lesen:

$$P_1^F \cdot e_{x(1)} + P_2^F \cdot e_{x(2)} + P_3^F \cdot e_{x(3)} + M_I^F \cdot 0 + M_{II}^F \cdot 0 + M_{III}^F \cdot 0 + \sum_k P^!_{x(k)} = 0.$$

Ist z. B. e_1 parallel und gleichsinnig der Koordinatenachse x, so ist $e_{x(1)} = 1$, $e_{y(1)} = e_{z(2)} = 0$ usw.

Anm.: An die Stelle je einer Spalte M_I^F, M_{II}^F, M_{III}^F tritt ggf. (Fesselungsart!) eine der Spalten P_4^F, P_5^F, P_6^F.

In diesen Gleichungen sind die Beträge P_a^F und M_d^F der 6 Fessellasten als Unbekannte enthalten.

Im einzelnen gilt dazu folgendes:
Umfaßt die Fesselung z. B.

3 Drehfesseln mit Einheitsvektoren $\mathfrak{e}_I$, $\mathfrak{e}_{II}$, $\mathfrak{e}_{III}$, angeschlossen an Punkten $d = I, II, III$, ferner,

3 Wegfesseln mit Einheitsvektoren $\mathfrak{e}_1$, $\mathfrak{e}_2$, $\mathfrak{e}_3$, angeschlossen an Punkten $a = 1, 2, 3$ (vgl. dazu Abschnitt I D2),

so gelten für die 6 Gleichungen in Tafel 2 die Spalten mit den Köpfen P_1^F, P_2^F, P_3^F, M_I^F, M_{II}^F, M_{III}^F.

Enthält die Fesselung

nur 2, 1 oder 0 Drehfesseln und
4, 5 bzw. 6 Wegfesseln (vgl. Abschnitt I D 2),

so entfallen (s. Tafel 2)

Tafel 2

Abs			P^F_4	P^F_5	P^F_6
$\sum_k P^!_{x(k)}$	$= 0$	Bei mehr als 3 Wegfesseln siehe Anm.	$e_{x(4)}$	$e_{x(5)}$	$e_{x(6)}$
$\sum_k P^!_{y(k)}$	$= 0$		$e_{y(4)}$	$e_{y(5)}$	$e_{y(6)}$
$\sum_k P^!_{z(k)}$	$= 0$		$e_{z(4)}$	$e_{z(5)}$	$e_{z(6)}$
$\sum_k \left(M^!_{x(k)} + r_{y(0k)} P^!_{z(k)} - r_{z(0k)} P^!_{y(k)}\right)$	$= 0$		$r_{y(04)}\, e_{z(4)} - r_{z(04)}\, e_{y(4)}$	$r_{y(05)}\, e_{z(5)} - r_{z(05)}\, e_{y(5)}$	$r_{y(06)}\, e_{z(6)} - r_{z(06)}\, e_{y(6)}$
$\sum_k \left(M^!_{y(k)} + r_{z(0k)} P^!_{x(k)} - r_{x(0k)} P^!_{z(k)}\right)$	$= 0$		$r_{z(04)}\, e_{x(4)} - r_{x(04)}\, e_{z(4)}$	$r_{z(05)}\, e_{x(5)} - r_{x(05)}\, e_{z(5)}$	$r_{z(06)}\, e_{x(6)} - r_{x(06)}\, e_{z(6)}$
$\sum_k \left(M^!_{z(k)} + r_{x(0k)} P^!_{y(k)} - r_{y(0k)} P^!_{x(k)}\right)$	$= 0$		$r_{x(04)}\, e_{y(4)} - r_{y(04)}\, e_{x(4)}$	$r_{x(05)}\, e_{y(5)} - r_{y(05)}\, e_{x(5)}$	$r_{x(06)}\, e_{y(6)} - r_{y(06)}\, e_{x(6)}$

1, 2 oder alle 3 der Spalten mit den Köpfen M^F_{I}, M^F_{II}, M^F_{III}, und an ihre Stelle treten 1, 2 bzw. 3 Spalten mit Köpfen P^F_4, P^F_5 bzw. P^F_6. Sind die Einheitsvektoren aller 6 Fessellinien — wie oft der Fall — je parallel einer der Koordinatenachsen und besitzen sie gleichen Richtungssinn wie diese, so stellen die von Null verschiedenen Komponenten der Fesselkräfte bzw. -momente bereits die Beträge der Fessellasten dar.

Die jeweils geltenden 6 Gleichungen sind für jede Gruppe von eingeprägten Lasten $\mathfrak{P}^!_\varkappa$, $\mathfrak{M}^!_\varkappa$ auflösbar, wenn die sog. Nennerdeterminante Δ der Gleichungen ungleich Null ist. In Δ treten die Komponenten der Fessel-Einheitsvektoren $\mathfrak{e}_a$ und $\mathfrak{e}_d$, desgl. (über $\mathfrak{r}_{oa}$ eingehend) die Koordinaten der Wegfessel-Anschlußpunkte a sowie des Momenten-Bezugspunktes o als Parameter auf.

Die mit 6 Fesseln angeschlossene (in sich starre) Konstruktion heißt im Falle, daß $\Delta \gtrless 0$ ist, „statisch bestimmt gelagert". Wie ein Vergleich von Tafel 2 mit Tafel 1 zeigt[9], ist Δ dem

[9] Ordnet man in Tafel 2 die Gleichungen so um, daß die Unbekannten in folgender Reihenfolge stehen: P^F_3, P^F_2, P^F_1, M^F_{III}, M^F_{II}, M^F_{I} und ferner die Gleichungen in folgender Reihenfolge untereinander stehen:

„$M_{x(0)}$", „$M_{y(0)}$", „$M_{z(0)}$", „P_x", „P_y", „P_z".

Dann ist die i. Zeile der Beiwerte der umgeordneten Tafel 2 gleich der i. Spalte der Beiwerte von Tafel 1.

Betrage nach gleich der in Abschnitt I C genannten Determinante, wenn der Koordinaten-Ursprung in den Punkt o gelegt wird, d. h.: Ist eine (in sich starre) Konstruktion mit 6 Fesseln stabil gelagert, so ist sie auch statisch bestimmt gelagert (und umgekehrt).

Ist eine (in sich starre) Konstruktion mit mehr als 6 Fesseln angeschlossen, so reichen die 6 Gleichungen (Gleichgewichtsbedingungen) nicht aus, um die Fessellasten zu bestimmen: Die Konstruktion heißt dann „statisch unbestimmt gelagert".

E. Resultierende Kraft und resultierendes Moment

Die Fessellasten einer mit 6 Fesseln statisch bestimmt gelagerten (in sich starren) Konstruktion bleiben unverändert, wenn die ihr eingeprägte Lastengruppe ersetzt wird durch:

eine „resultierende" Kraft $\mathfrak{P}_{res}$, deren Wirkungslinie durch einen gewählten Punkt o geht, und ein „resultierendes" Moment $\mathfrak{M}_{res}$.

Die Komponenten von $\mathfrak{P}_{res}$ und $\mathfrak{M}_{res}$ bezüglich x, y, z ($P_{x\,res}$, $P_{y\,res}$, ... $M_{z\,res}$) sind gegeben durch die Absolutglieder der Gleichungen „P_x", „P_y", ... „M_z" in Tafel 2.

F. Anwendung der Gleichgewichtsbedingungen

Zur praktischen Berechnung der Fessellasten ist es oft zweckmäßig, die Gleichgewichtsbedingungen 37, 38 nicht in Komponenten bezüglich x, y, z anzuschreiben (s. Tafel 2), sondern (s. die Gleichungen 23, 31):

die Kräfte-Gleichgewichtsbedingung 37 in Komponenten bezüglich je einer Geraden $g—g = \alpha—\alpha$, $\beta—\beta$ bzw. $\gamma—\gamma$ mit Einheitsvektor $\mathfrak{e}_\alpha$, $\mathfrak{e}_\beta$ bzw. $\mathfrak{e}_\gamma$, z. B.:

$$\text{Gl. „}P_\alpha\text{":} \quad \sum_a P_a^F \mathfrak{e}_a \mathfrak{e}_\alpha + \sum_\varkappa \mathfrak{P}_\varkappa^! \mathfrak{e}_\alpha = 0 \tag{39a}$$

ausgeschrieben (s. Gleichungen 23 u. 24):

$$\begin{aligned} &\sum_a P_a^F \left(e^P_{x(a)}\, e_{x(\alpha)} + e^P_{y(a)}\, e_{y(\alpha)} + e^P_{z(a)}\, e_{z(\alpha)}\right) \\ &\quad + \sum_\varkappa \left(P^!_{x(\varkappa)}\, e_{x(\alpha)} + P^!_{y(\varkappa)}\, e_{y(\alpha)} + P^!_{z(\varkappa)}\, e_{z(\alpha)}\right) = 0 \end{aligned} \tag{39b}$$

„Kräftegleichungen bezüglich Richtungen α—α, β—β, γ—γ“,

die Momenten-Gleichgewichtsbedingung 38 in Komponenten bezüglich je einer durch einen Punkt o_δ, o_ε bzw. o_ζ gehenden Geraden o—$o = \delta$—δ, ε—ε bzw. ζ—ζ mit Einheitsvektor $\mathfrak{e}_\delta$, $\mathfrak{e}_\varepsilon$ bzw. $\mathfrak{e}_\zeta$, z. B. (mit $\mathfrak{r}_{\delta a}$, $\mathfrak{r}_{\delta\varkappa}$ kurz statt $\mathfrak{r}_{o_\delta a}$, $\mathfrak{r}_{o_\delta \varkappa}$):

$$\text{Gl. „}M_{(\delta)}\text{“:} \quad \sum_a P_a^F [\mathfrak{r}_{\delta a}\,\mathfrak{e}_a]\,\mathfrak{e}_\delta + \sum_d M_d^F\,\mathfrak{e}_d\,\mathfrak{e}_\delta + \sum_\varkappa [\mathfrak{r}_{\delta\varkappa}\,\mathfrak{P}_\varkappa^!]\,\mathfrak{e} + \sum_\varkappa \mathfrak{M}_\varkappa^!\,\mathfrak{e}_\delta = 0 \tag{40a}$$

„Momentengleichungen bezüglich Achsen δ—δ, ε—ε, ζ—ζ“,

u. s. w., die in diesen Gleichungen enthaltenen inneren und äußeren Produkte sind lt. Gleichung 23, 24, 28, 30 durch die Komponenten der darin auftretenden Vektoren bezüglich x, y, z auszudrücken, z. B.:

$$\begin{aligned}\sum_a P_a^F \big[(r_{y(\delta a)}\,e_{z(a)} - r_{z(\delta a)}\,e_{y(a)})\,e_{x(\delta)} + (r_{z(\delta a)}\,e_{x(a)} - r_{x(\delta a)}\,e_{z(a)})\,e_{y(\delta)} \\ + (r_{x(\delta a)}\,e_{y(a)} - r_{y(\delta a)}\,e_{x(a)})\,e_{z(\delta)} \\ + \sum_a M_d^F\,(e_{x(d)}\,e_{x(\delta)} + e_{y(d)}\,e_{y(\delta)} + e_{z(d)}\,e_{z(\delta)}) \qquad (40\text{b}) \\ + \sum_\varkappa \big[(r_{y(\delta\varkappa)}\,P_{z(\varkappa)}^! - r_{z(\delta\varkappa)}\,P_{y(\varkappa)}^!)\,e_{x(\delta)} + (r_{z(\delta\varkappa)}\,P_{x(\varkappa)}^! \\ - r_{x(\delta\varkappa)}\,P_{z(\varkappa)}^!)\,e_{y(\delta)} + (r_{x(\delta\varkappa)}\,P_{y(\varkappa)}^! - r_{y(\delta\varkappa)}\,P_{x(\varkappa)}^!)\,e_{z(\delta)}\big] \\ + \sum_\varkappa (M_{x(\varkappa)}^!\,e_{x(\delta)} + M_{y(\varkappa)}^!\,e_{y(\delta)} + M_{z(\varkappa)}^!\,e_{z(\delta)}) = 0.\end{aligned}$$

An Stelle je einer Kräfte-Gleichung „P_α“, „P_β“, „P_γ“ kann auch eine weitere Momenten-Gleichung verwendet werden:

„Momentengleichungen bezüglich Achsen η—η, ϑ—ϑ bzw. ι—ι“, die durch Punkte o_η, o_ϑ, o_ι gehen, mit Einheitsvektoren $\mathfrak{e}_\eta$, $\mathfrak{e}_\vartheta$, $\mathfrak{e}_\iota$: Gleichungen „M_η“, „M_ϑ“, „M_ι“.

Bei der Wahl von Geraden g—$g = \alpha$—α, ... und o—$o = \delta$—δ, ... ist folgendes zu beachten: Die vom Erdboden abgetrennt gedachte (in sich starre) Konstruktion muß auch dann eine stabil gelagerte Konstruktion bleiben, wenn angenommen wird, die Geraden g—$g = \alpha$—α, ... seien die

Fessellinien von Drehfesseln, die Geraden o—$o = \delta$—δ, ... seien die Fessellinien von Wegfesseln der Konstruktion.

Durch geschickte Wahl der Bezugsgeraden g—g, o—o können manche Vereinfachungen erzielt werden:

a) Wird z. B. die Gerade g—$g = \alpha$—α senkrecht zu einer Wegfessellinie a—$a = 1$—1 gewählt, so wird in Gleichung „P_α" (Gleichung 39a) der Faktor von P_1^F (nämlich $\mathfrak{e}_1 \mathfrak{e}_\alpha$) zu Null (vgl. Abschnitt I B 2).

b) Wird z. B. die Achse o—$o = \delta$—δ so gewählt, daß sie 2 Wegfessellinien a—$a = 1$—1 und 2—2 schneidet, so werden die Momente der Reaktionskräfte $\mathfrak{P}_1^F$ und $\mathfrak{P}_2^F$ bezüglich δ—δ lt. Abschnitt II B 4 b (Schlußsatz) zu Null; d. h. in Gleichung „M_δ" (Gleichung 40b) werden die Faktoren von P_1^F und P_2^F zu Null.

c) Die Koordinatenebene zx sei die Zeichnungsebene, der Einheitsvektor $\mathfrak{e}_\delta$ der Achse o—$o = \delta$—δ sei parallel und gleichsinnig der Koordinatenachse y (s. Abb. 20); zu einer Wegfessellinie a—$a = 1$—1 (Einheitsvektor $\mathfrak{e}_1$) in der Ebene zx ist dann der kürzeste Abstand ϱ_1 zwischen 1—1 und δ—δ mühelos zu ermitteln. — Für das Moment der Reaktionskraft $\mathfrak{P}_1^F$ bezüglich δ—δ kann dann lt. Gleichung 34 einfach geschrieben werden: $\pm P_1^F \varrho_1$; d. h.: In Gleichung „M_δ" (Gleichung 40b) kann für den Faktor von P_1^F gesetzt werden: $\pm \varrho_1$, wobei das Zeichen + oder — gilt, je nachdem die Reaktionskraft $\mathfrak{P}_1^F$ mit positivem Betrag eingetragen, im oder entgegen dem Drehsinn zx um δ—δ dreht.

G. Beispiele

1. Beispiele 1a bis e (s. Abb. 18 mit Varianten 19 bis 22)

a) Beispiel Abb. 18.

Eine Konstruktion sei mit 6 Wegfesseln an Punkten $a = 1, 2, \ldots 6$ gefesselt; die Fessellinien seien a—$a = 1$—1, 2—2, ... 6—6 mit den Einheitsvektoren $\mathfrak{e}_1, \mathfrak{e}_2, \ldots \mathfrak{e}_6$. An der Konstruktion wirke eine Kraft $\mathfrak{P}$.

Die Fessellasten ergeben sich aus den Gleichungen in Tafel 2.

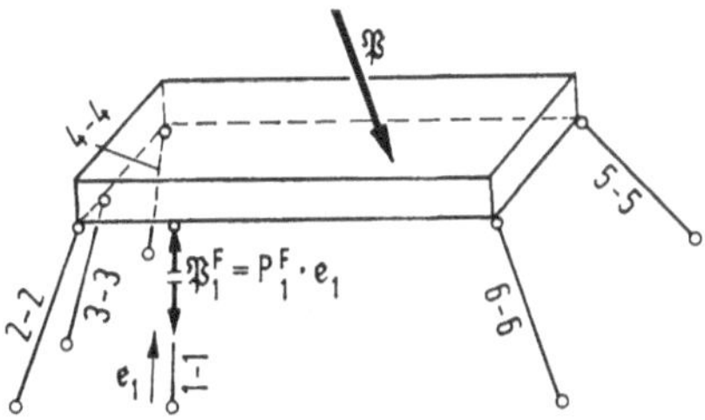

Abb. 18. Mit 6 Wegfesseln angeschlossene Konstruktion

b) Sonderfall Abb. 19

Die Wirkungslinie von $\mathfrak{P}$ liege mit den Fessellinien a—a = 1—1, 2—2, 6—6 (die nicht durch einen Punkt gehen) in einer Ebene; die Wahl des Koordinatensystems und alles Weitere s. in Abb. 19.

$\mathfrak{P}_3^F$, $\mathfrak{P}_4^F$, $\mathfrak{P}_5^F$ sind gleich Null[10].

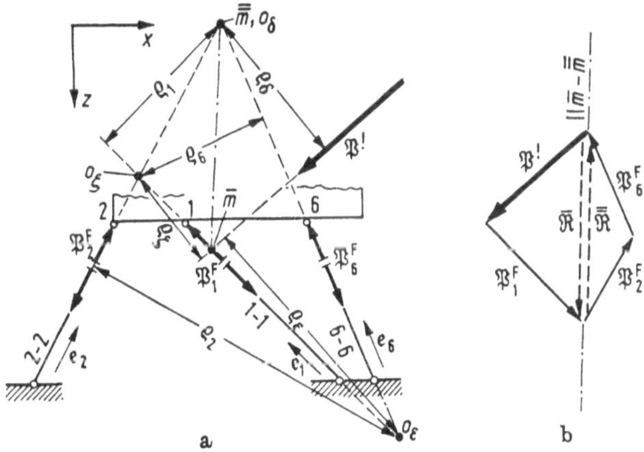

Abb. 19. Variante zu Bild 18: Wirkungslinien von $\mathfrak{P}_1^F$, $\mathfrak{P}_2^F$, $\mathfrak{P}_6^F$, $\mathfrak{P}^!$ in einer Ebene ($\mathfrak{P}_1^F$, $\mathfrak{P}_2^F$, $\mathfrak{P}_6^F$ in Bild a zunächst mit positivem Betrag eingetragen).

---

[10] Man stelle z. B. auf: die Gleichungen „P_y“, „M_x“, „M_z“ lt. Tafel 2. Das ergibt 3 homogene Gleichungen, in denen nur die 3 Unbekannten P_3^F, P_4^F, P_5^F auftreten.

Lösungsweg α. Die Gleichungen „P_x" und „P_z" lt. Tafel 2 lauten:

$$\begin{aligned} P_1^F e_{x(1)} + P_2^F e_{x(2)} + P_6^F e_{x(6)} + P_x^! &= 0, \\ P_1^F e_{z(1)} + P_2^F e_{z(2)} + P_6^F e_{z(6)} + P_z^! &= 0; \end{aligned} \qquad (41\,\mathrm{a,\,b})$$

die Momentengleichung „M_δ" (Gleichung 40) bezüglich einer Achse o—o = δ—δ mit Einheitsvektor parallel und gleichsinnig $+y$ durch den Schnittpunkt o_1 von 2—2 und 3—3 lautet:

$$-P_1^F \varrho_1 - P^! \varrho_\delta = 0. \qquad (41\,\mathrm{c})$$

Die Gleichungen liefern P_1^F, P_2^F, P_6^F.

Lösungsweg β. Die Gleichungen „M_δ", „M_ε", „M_ζ" bezüglich dreier Achsen o—o = δ—δ, ε—ε, ζ—ζ mit Einheitsvektoren parallel und gleichsinnig $+y$, von denen jede lt. Abb. 19 durch einen der Schnittpunkte o_δ, o_ε, o_ζ von zweien der Fessellinien 1—1, 2—2, 6—6 geht, lauten bei Anordnung nach Abb. 19 (vgl. Abschnitt II Fc sowie Gleichung 34):

$$\begin{aligned} -P_1^F \varrho_1 - P^! \varrho_\delta &= 0, \\ -P_2^F \varrho_2 + P^! \varrho_\varepsilon &= 0, \\ +P_6^F \varrho_6 - P^! \varrho_\zeta &= 0; \end{aligned} \qquad (41\,\mathrm{d,\,e,\,f})$$

sie liefern P_1^F, P_2^F, P_6^F.

Lösungsweg γ. Die Fesselkräfte können auch graphisch ermittelt werden (graphische Auflösung der Gleichungen 41 durch ein „Kräfteviereck" lt. Abb. 19b nach Culmann):

$\mathfrak{P}^!$ und $\mathfrak{P}_1^F$ ergeben lt. Abschnitt II B 3 eine resultierende Kraft $\overline{\mathfrak{R}}$, deren Wirkungslinie durch den Schnittpunkt $\overline{m}$ (s. Abb. 19a) von 1—1 mit der Wirkungslinie von $\mathfrak{P}^!$ geht. $\mathfrak{P}_2^F$ und $\mathfrak{P}_6^F$ ergeben eine resultierende Kraft $\overline{\overline{\mathfrak{R}}}$, deren Wirkungslinie durch den Schnittpunkt $\overline{\overline{m}}$ (s. Abb. 19a) von 2—2 und 6—6 geht. Nach Gleichung 35, angewendet auf $\overline{\mathfrak{R}}$ und $\overline{\overline{\mathfrak{R}}}$ (als Ersatz für $\mathfrak{P}^!$ und $\mathfrak{P}_1^F$ einerseits, für $\mathfrak{P}_2^F$ und $\mathfrak{P}_6^F$ andererseits) ist $\overline{\mathfrak{R}} = -\overline{\overline{\mathfrak{R}}}$; denn Gleichung 35 lautet hier:

$$\overline{\mathfrak{R}} + \overline{\overline{\mathfrak{R}}} = 0.$$

Damit das Moment $\mathfrak{M}$ des Kräftepaares $\overline{\mathfrak{R}}$, $\overline{\overline{\mathfrak{R}}}(=-\overline{\mathfrak{R}})$ gleich Null wird, muß der Abstand ϱ zu Null werden (vgl. Abb. 13).

Das besagt: Die Wirkungslinie von $\overline{\mathfrak{R}}$ fällt mit der von $\overline{\overline{\mathfrak{R}}}$ zusammen; sie ist also nach obigem die durch $\overline{m}$ und $\overline{\overline{m}}$ gehende Gerade (s. Abb. 19a).

Indem somit die Wirkungslinie von $\overline{\mathfrak{R}}$ und $\overline{\overline{\mathfrak{R}}}$ bekannt ist, können zwei Kräftedreiecke lt. Abschnitt II G 1 bγ gezeichnet werden (s. Abb. 19b): Dreieck der Kräfte $\mathfrak{P}^!$, $\mathfrak{P}_1^F$(|| 1—1), $\overline{\mathfrak{R}}$(|| $\overline{m}$—$\overline{\overline{m}}$) und Dreieck der Kräfte $\overline{\overline{\mathfrak{R}}}$ $(=-\overline{\mathfrak{R}})$, $\mathfrak{P}_2^F$(|| 2—2), $\mathfrak{P}_6^F$(|| 6—6). Insgesamt: Kräfteviereck, gebildet aus $\mathfrak{P}^!$, $\mathfrak{P}_1^F$, $\mathfrak{P}_2^F$, $\mathfrak{P}_6^F$.

c) Sonderfall Abb. 20

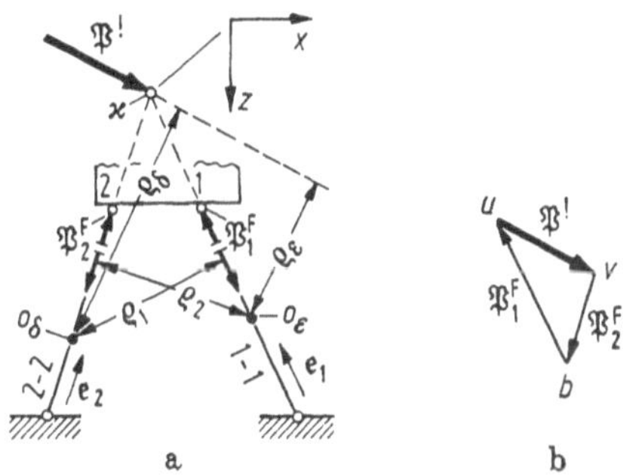

Abb. 20. Variante zu Bild 18: Wirkungslinien von $\mathfrak{P}_1^F$, $\mathfrak{P}_2^F$, $\mathfrak{P}^!$ in einer Ebene, durch einen Punkt $\varkappa$ gehend ($\mathfrak{P}_1^F$ und $\mathfrak{P}_2^F$ in Bild a zunächst mit positivem Betrag eingetragen)

Die Wirkungslinie von $\mathfrak{P}^!$ liege mit den Fessellinien a—a = 1—1 und 2—2 in einer Ebene und gehe durch den Schnittpunkt $\varkappa$ von 1—1 und 2—2; die Wahl des Koordinatensystems und alles weitere siehe in Abb. 20.

$P_3^F, \ldots P_6^F$ sind gleich Null[11].

[11] Man stelle z. B. auf: die Gleichungen „P_y", „M_x", „M_y", „M_z" lt. Tafel 2. Das ergibt 4 homogene Gleichungen, in denen nur die 4 Unbekannten $P^F, \ldots P_6^F$ auftreten.

Lösungsweg α. Die Gleichungen „P_x“ und „P_z“ lt. Tafel 2 lauten:

$$P_1^F e_{x(1)} + P_2^F e_{x(2)} + P_x^! = 0, \quad P_1^F e_{z(1)} + P_2^F e_{z(2)} + P_z^! = 0; \qquad (42\,\text{a, b})$$

sie liefern P_1^F und P_2^F.

Lösungsweg β. Die Gleichungen „M_δ“ und „M_ε“ bezüglich zweier Achsen o—o = δ—δ, ε—ε mit Einheitsvektoren parallel und gleichsinnig $+y$, von denen δ—δ durch einen Punkt o_δ auf 2—2, die andere durch einen Punkt o_ε auf 1—1 geht, lauten bei Anordnung nach Abb. 20 (vgl. Abschnitt II Fc sowie Gleichung 34):

$$P_1^F \varrho_1 - P^! \varrho_\delta = 0, \quad -P_2^F \varrho_2 - P^! \varrho_\varepsilon = 0; \qquad (42\,\text{c, d})$$

sie liefern

$$P_1^F = \frac{P^! \varrho_\delta}{\varrho_1}, \quad P_2^F = -\frac{P^! \varrho_\varepsilon}{\varrho_2}.$$

Lt. Abschnitt II C 2 wirkt also die Reaktionskraft $\mathfrak{P}_1^F$ wie in Abb. 20 eingetragen (d. h. im Richtungssinn von $\mathfrak{e}_1$), die Reaktionskraft $\mathfrak{P}_2^F$ entgegen der ursprünglichen „positiven“ Eintragung ($\mathfrak{P}_{2(+)}^F$) in Abb. 20 (d. h. entgegen dem Richtungssinn von $\mathfrak{e}_2$).

Lösungsweg γ. Die Fesselkräfte $\mathfrak{P}_1^F$ und $\mathfrak{P}_2^F$ können auch graphisch ermittelt werden (graphische Auflösung der Gleichungen „P_x“ und „P_z“ durch ein „Kräftedreieck“ nach Abb. 20b).

Man zeichne: $\mathfrak{P}^!$ = Pfeil mit den Endpunkten u und v, die Parallele zu 1—1 durch u, die Parallele zu 2—2 durch v.

Schnittpunkt beider: b.

Man trage ein: Pfeilspitzen in v—b und in b—u gemäß dem durch $\mathfrak{P}^!$ gegebenen „Umfahrungssinn“ $uvbu$, d. h. so, daß bei den drei Pfeilen $\mathfrak{P}^!$; $v \to b$, $b \to u$ jeweils die Spitze des einen mit dem Fuß des nächsten zusammenfällt. $\mathfrak{P}_1^F$ = Pfeil $b \to u$, $\mathfrak{P}_2^F$ = Pfeil $v \to b$[12].

[12] Werden die Pfeilspitzen umgekehrt eingetragen, d. h. entgegen dem durch $\mathfrak{P}^!$ gegebenen Umfahrungssinn, so stellen $u \to b$ und $b \to v$ lt. Abschnitt II B 3 zwei Kräfte dar, deren resultierende Kraft gleich $\mathfrak{P}^!$ ist: sog. Zerlegung von $\mathfrak{P}^!$ in „2 Komponenten parallel 1—1 und 2—2“. (Nicht zu verwechseln mit dem in Abschnitt II B 2 erläuterten Begriff „Komponente bezüglich einer Geraden“!)

d) Sonderfall Abb. 21

Die Wirkungslinie von $\mathfrak{P}^!$ gehe durch den gemeinsamen Schnittpunkt $\varkappa$ von 3 Fessellinien 1—1, 2—2, 3—3, die nicht in einer Ebene liegen; die Wahl des Koordinatensystems und alles Weitere s. in Abb. 21.

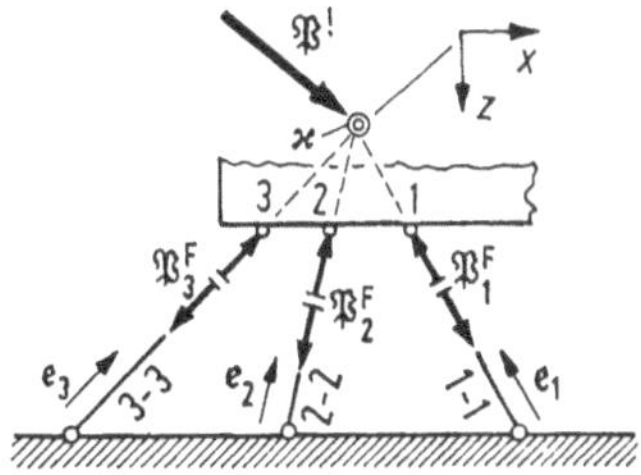

Abb. 21. Variante zu Bild 18: Räumliche Wirkungslinien von $\mathfrak{P}_1^F$, $\mathfrak{P}_2^F$, $\mathfrak{P}_3^F$, $\mathfrak{P}^!$, durch einen Punkt $\varkappa$ gehend

P_4^F, P_5^F, P_6^F sind gleich Null[13].

Lösungsweg α. Die Gleichungen „P_x", „P_y", „P_z" lt. Tafel 2 lauten:

$$\begin{aligned} P_1^F e_{x(1)} + P_2^F e_{x(2)} + P_3^F e_{x(3)} + P_x^! &= 0, \\ P_1^F e_{y(1)} + P_2^F e_{y(2)} + P_3^F e_{y(3)} + P_y^! &= 0, \\ P_1^F e_{z(1)} + P_2^F e_{z(2)} + P_3^F e_{z(3)} + P_z^! &= 0; \end{aligned} \tag{43}$$

sie liefern P_1^F, P_2^F, P_3^F.

Lösungsweg β. Die Fesselkräfte können auch graphisch ermittelt werden (graphische Auflösung der Gleichungen 43 durch ein „räumliches Kräfteviereck" Culmann usw.).

e) Sonderfall Abb. 22

Die Wirkungslinie von $\mathfrak{P}^!$ falle mit der Fessellinie a—a = 1—1 zusammen. $\mathfrak{P}$ besitze entgegengesetzten Richtungssinn wie $\mathfrak{e}_1$. Der Ursprung des Koordinatensystems wird auf der Wirkungslinie von $\mathfrak{P}^!$ angenommen; die Koordinatenachse z wird in 1—1 gelegt; ihr positiver Ast besitze entgegengesetzten Richtungssinn wie $\mathfrak{e}_1$.

$P_2^F, \ldots P_6^F$ sind gleich Null.

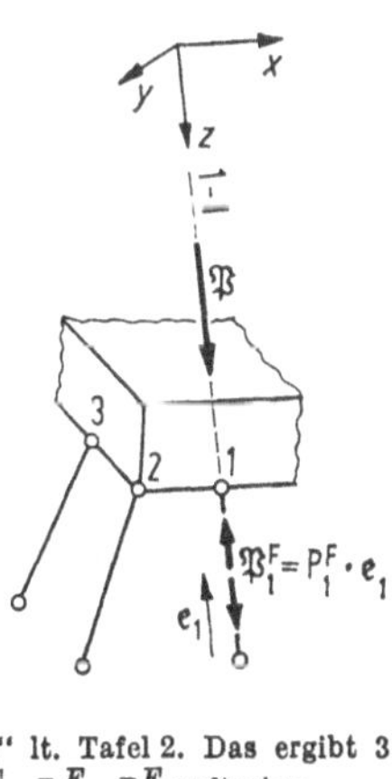

Abb. 22. Variante zu Bild 18: Wirkungslinien von $\mathfrak{P}_1^F$ und $\mathfrak{P}$ zusammenfallend

[13] Man stelle auf: die Gleichungen „M_x", „M_y", „M_z" lt. Tafel 2. Das ergibt 3 homogene Gleichungen, in denen nur die Unbekannten P_4^F, P_5^F, P_6^F auftreten.

Man stelle z. B. auf: die Gleichungen „P_x", „P_y", „M_x", „M_y", „M_z" lt. Tafel 2. Das ergibt 5 homogene Gleichungen, in denen nur die 5 Unbekannten $P_2^F, \ldots P_6^F$ auftreten.

Gleichung „P_z" lt. Tafel 2 lautet mit $e_z(1) = -1$:

$$P_1^F(-1) + P^! = 0,$$

d. h. $P_1^F = P^!$: Die Reaktionskraft $\mathfrak{P}_1^F$ weist also im Sinne von $\mathfrak{e}_1$ und lt. obigem entgegen $\mathfrak{P}^!$.

2. Beispiele 2a bis c (s. Abb. 23 mit Variante 24)

a) Sonderfall Abb. 23

Eine Konstruktion sei lt. Abb. 23 in zwei Punkten l und r gefesselt, und zwar mit 3 Wegfesseln parallel x, y, z in l, 2 Wegfesseln parallel y und z in r, 1 Drehfessel parallel x in l. Die Einheitsvektoren der Fessellinien sollen gleichen Richtungssinn besitzen wie die ihnen parallelen Koordinatenachsen lt. Abb. 23: Komponenten also teils 1, teils Null.

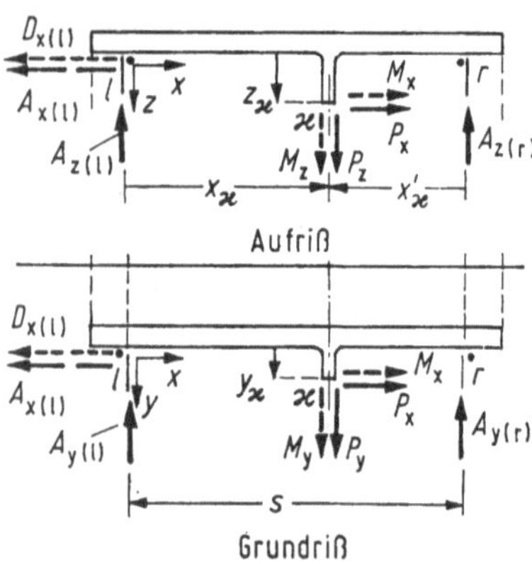

Abb. 23. Mit 5 Weg- und einer Drehfessel angeschlossene Konstruktion

Die Konstruktion sei belastet mit (eingeprägten) Kräften $\mathfrak{P}_\varkappa^!$ (Komponenten

$$P_{x(\varkappa)}^!, P_{y(\varkappa)}^!, P_{z(\varkappa)}^!)$$

sowie mit (eingeprägten) Kräftepaaren, von denen nur die Momente $\mathfrak{M}_\varkappa^!$ (Komponenten

$$M_{x(\varkappa)}^!, M_{y(\varkappa)}^!, M_{z(\varkappa)}^!)$$

gegeben seien. Der Einfachheit halber wird im folgenden (s. Abb. 23) kurz von Kräften $P_{x(\varkappa)}, \ldots$ und Momenten $M_{x(\varkappa)}, \ldots$ gesprochen.

Die Beträge der Reaktionskräfte sowie des Reaktionsmomentes werden — wie Komponenten — mit $A_{x(l)}$, $A_{y(l)}$, $A_{z(l)}$, $A_{y(r)}$, $A_{z(r)}$, $D_{x(l)}$ bezeichnet; sie werden positiv gezählt, wenn sie entgegen den Koordinatenachsen x, y, z gerichtet sind. Zu ihrer Berechnung werden nacheinander lt. Tafel 2 aufgestellt:

die Gleichung „P_x",

die Gleichungen „$M_{z(r)}$", „$M_{y(r)}$' bezüglich zweier durch r gehender Achsen, deren Einheitsvektoren parallel und gleichsinnig $+z$ und $+y$ sind,

die Gleichungen „$M_{z(l)}$", „$M_{y(l)}$", „$M_{x(l)}$" bezüglich Achsen, die durch l gehen und deren Einheitsvektoren parallel und gleichsinnig $+z$, $+y$, $+x$ sind.

Diese Gleichungen lauten (44a bis f):

$$\text{„}P_x\text{“:} \quad -A_{x(l)} + \sum_{\varkappa} P_{x(\varkappa)} = 0,$$

$$\text{„}M_{z(r)}\text{“:} \quad A_{y(l)}s + \sum_{\varkappa} \{-P_{x(\varkappa)} y_\varkappa - P_{y(\varkappa)} x'_\varkappa + M_{z(\varkappa)}\} = 0,$$

$$\text{„}M_{y(r)}\text{“:} \quad -A_{z(l)}s + \sum_{\varkappa} \{P_{x(\varkappa)} z_\varkappa + P_{z(\varkappa)} x'_\varkappa + M_{y(\varkappa)}\} = 0,$$

$$\text{„}M_{z(l)}\text{“:} \quad -A_{y(r)}s + \sum_{\varkappa} \{-P_{x(\varkappa)} y_\varkappa + P_{y(\varkappa)} x_\varkappa + M_{z(\varkappa)}\} = 0,$$

$$\text{„}M_{y(l)}\text{“:} \quad A_{z(r)}s + \sum_{\varkappa} \{P_{x(\varkappa)} z_\varkappa - P_{z(\varkappa)} x_\varkappa + M_{y(\varkappa)}\} = 0,$$

$$\text{„}M_{x(l)}\text{“:} \quad -D_{x(l)} + \sum_{\varkappa} \{-P_{y(\varkappa)} z_\varkappa + P_{z(\varkappa)} y_\varkappa + M_{x(\varkappa)}\} = 0.$$

Die Gleichungen 44 können lt. folgendem auch unmittelbar aus Abb. 23 abgelesen werden; zu diesem Zweck sind eingezeichnet:

(1) an einer Stelle $\varkappa$ der Konstruktion mit positiven Koordinaten $x_\varkappa$, $y_\varkappa$, $z_\varkappa$ und positivem $x'_\varkappa = s - x_\varkappa$ (d. h. mit $x_\varkappa < s$): positive Kräfte $P_{x(\varkappa)}$, $P_{y(\varkappa)}$, $P_{z(\varkappa)}$ sowie positive Momente $M_{x(\varkappa)}$, $M_{y(\varkappa)}$, $M_{z(\varkappa)}$,

(2) an den Angriffsstellen der Fesseln: positive Reaktionskräfte $A_{x(l)}$, $A_{y(l)}$, ... $A_{z(r)}$ und ein positives Reaktionsmoment $D_{x(l)}$.

Die Gegenüberstellung der Gleichungen 44 mit Abb. 23 zeigt:

Die Gleichung 44a (Gleichung „P_x") enthält

die Reaktionskraft $A_{x(l)}$ mit Zeichen —: $A_{x(l)}$ weist im Bild entgegen $+x$, die eingeprägte Kraft $P_{x(\varkappa)}$ mit Zeichen $+$: $P_{x(\varkappa)}$ weist im Sinne $+ x$.

Die Gleichung 44b (Gleichung „$M_{z(r)}$“) enthält

das Moment $A_{y(l)} s$ mit Zeichen $+$: $A_{y(l)}$ dreht im Bild im positiven Drehsinn xy um die durch r gehende Bezugsachse (parallel z),

die Momente $P_{x(\varkappa)} y_\varkappa$ und $P_{y(\varkappa)} x'_\varkappa$ mit Zeichen — : $P_{x(\varkappa)}$ und $P_{y(\varkappa)}$ drehen im Bild entgegen dem positiven Drehsinn xy um die durch r gehende Bezugsachse (parallel z),

das Moment $M_{z(\varkappa)}$ mit Zeichen $+$: $M_{z(\varkappa)}$ dreht im Bild im positiven Drehsinn xy.

Usw.

Die Gleichung 44f (Gleichung „$M_{x(l)}$“) enthält

das Reaktionsmoment $D_{x(l)}$ mit Zeichen — : $D_{x(l)}$ dreht im Bild entgegen dem positiven Drehsinn yz,

das Moment $P_{y(\varkappa)} z_\varkappa$ mit Zeichen — : $P_{y(\varkappa)}$ dreht im Bild entgegen dem positiven Drehsinn yz um die durch l gehende Bezugsachse (parallel x),

das Moment $P_{z(\varkappa)} y_\varkappa$ mit Zeichen $+$: $P_{z(\varkappa)}$ dreht im Bild im positiven Drehsinn yz um die durch l gehende Bezugsachse (parallel x),

das Moment $M_{x(\varkappa)}$ mit Zeichen $+$: $M_{x(\varkappa)}$ dreht im Bild im positiven Drehsinn yz.

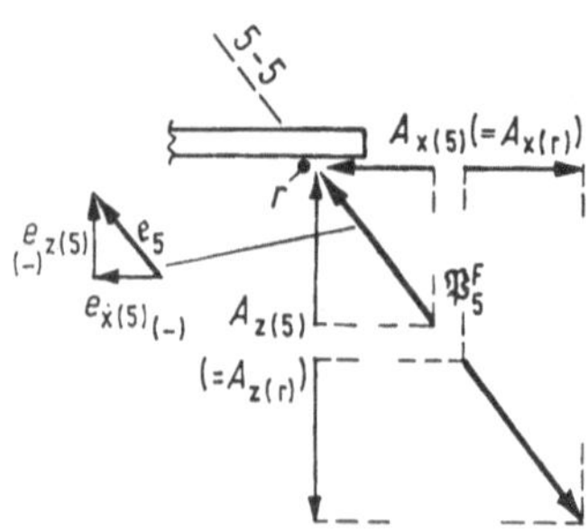

Abb. 24. Variante zu Bild 23: eine Wegfessel schräg

b) Sonderfall Abb. 24

Bei der voranstehend behandelten Konstruktion sei die zu z parallele Fessel an der Stelle r durch eine schräge Fessel parallel der Ebene zx ersetzt: Fessellinie 5—5 mit Einheitsvektor $\mathfrak{e}_5$ auf den Anschlußpunkt 5 weisend lt. Abb. 24. Die in ihr wirkende Fesselkraft $\mathfrak{P}_5^F$ hat dann bezüglich x und z die Komponenten

$$A_{x(5)} = - P_5^F e_{x(5)}, \quad (45\text{a})$$

$$A_{z(5)} = - P_5^F e_{z(5)}\,[14]. \quad (45\text{b})$$

Zur Berechnung der Fessellasten wird vorübergehend so getan, als ob statt der Fessel 5 an der Stelle r zwei Fesseln parallel x und z vorlägen und darin gedachte Fesselkräfte $A_{x(r)}$ ($= A_{x(5)}$) und $A_{z(r)}$ ($= A_{z(5)}$) wirkten. An die Stelle der Gleichung 44a (Gleichung „P_x“) tritt dann

$$- A_{x(l)} - A_{x(r)} + \sum_{\varkappa} P_{x(\varkappa)} = 0, \quad (46)$$

während die übrigen Gleichungen 44b, ... f unverändert bleiben.

Aus letzteren ergeben sich die Fessellasten $A_{y(l)}$, $A_{z(l)}$, $A_{y(r)}$, $D_{x(l)}$ wie in Abschnitt II G 2a, ferner die gedachte Fesselkraft $A_{z(r)}$ ($= A_{z(5)}$). Mit letzterer ergibt sich aus Gleichung 45b:

$$P_5^F = - \frac{A_{z(r)}}{e_{z(5)}};$$

mit P_5^F folgt aus Gleichung 45a die gedachte Fesselkraft $A_{x(r)}$ ($= A_{x(5)}$). Gleichung 46 liefert schließlich:

$$A_{x(l)} = - A_{x(r)} + \sum_{\varkappa} P_{x(\varkappa)}.$$

c) Weiterer Sonderfall

Bei der in Abschnitt II G 2a behandelten Konstruktion seien beide Fesseln an der Stelle r schräg gerichtet: Fessellinien 4—4 und 5—5, Einheitsvektoren $\mathfrak{e}_4$, $\mathfrak{e}_5$ auf die Anschlußpunkte weisend. Die in ihnen wirkenden Fesselkräfte $\mathfrak{P}_4^F$ und $\mathfrak{P}_5^F$ bilden dann eine resultierende Fesselkraft

$$\mathfrak{P}_r^F = P_4^F \mathfrak{e}_4 + P_5^F \mathfrak{e}_5$$

mit den Komponenten

$$A_{x(r)} = - P_4^F e_{x(4)} - P_5^F e_{x(5)}, \quad (47\text{a})$$

$$A_{y(r)} = - P_4^F e_{y(4)} - P_5^F e_{y(5)}, \quad (47\text{b})$$

$$A_{z(r)} = - P_4^F e_{z(4)} - P_5^F e_{z(5)}. \quad (47\text{c})$$

[14] Das Minuszeichen ist hier erforderlich, da A_x, A_y, A_z entgegen den positiven Richtungen x, y, z positiv gezählt werden.

Zur Berechnung der Fessellasten wird vorübergehend so getan, als ob statt der Fesseln 4 und 5 an der Stelle r 3 Fesseln parallel x, y, z vorlägen und darin gedachte Fesselkräfte vom Betrage der Komponenten $A_{x(r)}$, $A_{y(r)}$, $A_{z(r)}$ wirkten. Wie in Abschnitt II G 2b tritt dann an die Stelle der Gleichung 44a die Gleichung 46 und bleiben die übrigen Gleichungen 44b, ... f unverändert. Aus letzteren ergeben sich die Fessellasten $A_{y(l)}$, $A_{z(l)}$, $D_{x(l)}$ wie in Abschnitt II G 2a, ferner die gedachten Fesselkräfte $A_{y(r)}$ und $A_{z(r)}$.

Die Fesselkräfte P_4^F und P_5^F ergeben sich dann aus den beiden Gleichungen 47b und c.

Die gedachte Fesselkraft $A_{x(r)}$ ergibt sich (mit P_4^F und P_5^F) aus Gleichung 47a; abschließend ergibt sich die Fesselkraft $A_{x(l)}$ aus Gleichung 46.

Wird die Fesselung an der Stelle r — gleichbedeutend mit dem Voranstehenden — als Weg-Verschieblichkeit, parallel einem Einheitsvektor $\bar{\mathfrak{e}}$, beschrieben („Linienführung“, s. Abb. 10e), so ist damit ausgesprochen, daß von $\mathfrak{P}_r^F$ die Komponente $\mathfrak{P}_r^F \bar{\mathfrak{e}}$ gleich Null ist, d. h.:

$$A_{x(r)} \bar{e}_x + A_{y(r)} \bar{e}_y + A_{z(r)} \bar{e}_z = 0. \tag{48}$$

Wiederum gilt Gleichung 46 und bleiben die Gleichungen 44b, ... f unverändert. Aus letzteren ergeben sich wiederum die Fessellasten $A_{y(l)}$, $A_{z(l)}$, $D_{x(l)}$, ferner die gedachten Fesselkräfte $A_{y(r)}$ und $A_{z(r)}$. Anschließend ergibt sich $A_{x(r)}$ aus Gleichung 48 und damit $A_{x(l)}$ aus Gleichung 46.

H. Prinzip der virtuellen Verrückungen

Statt nach den Gleichungen 35, 36 und ihren Abwandlungen können Fesselkräfte und Fesselmomente auch in folgender Weise ermittelt werden:

Nur eine Wegfessel, z. B. mit der Fessellinie 1—1, oder nur eine Drehfessel, z. B. mit der Fessellinie I—I, wird zerschnitten, und an ihrer Stelle wird die von ihr auf die Konstruktion ausgeübte Reaktionskraft $\mathfrak{P}_1^F$ bzw. das von ihr ausgeübte Reaktionsmoment $\mathfrak{M}_1^F$ (mit zunächst unbekanntem positivem Betrag P_1^F bzw. M_1^F wirkend) angenommen. Der durch das Zerschneiden der Fessel beweglich gewordenen Konstruktion wird eine kleine, mit den noch vorhandenen Fesseln verträgliche Verschiebung erteilt gedacht: sog. virtuelle Verrückung (s. Abb. 25). Die Angriffspunkte der an der Konstruktion wirkenden Lasten beschreiben dabei Wege $\mathfrak{w}^v$ und Drehungen $\bar{\varphi}^v$.

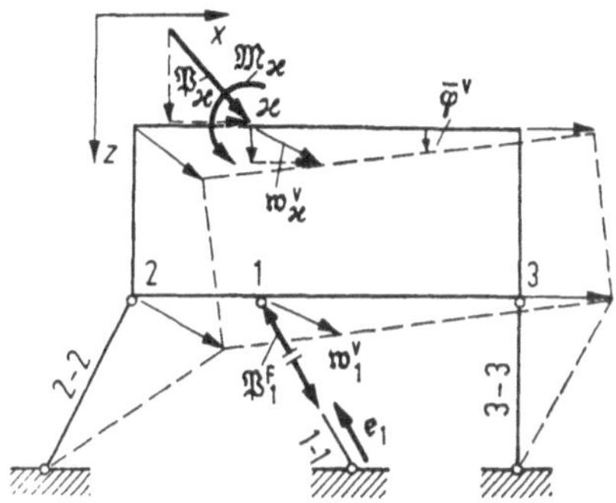

Abb. 25. Virtuelle Verrückung

Da an der Konstruktion Gleichgewicht herrscht, ist die von den Fessellasten (Reaktionen) und eingeprägten Lasten bei der virtuellen Verrückung insgesamt geleistete „virtuelle Arbeit" gleich Null (Prinzip der virtuellen Verrückungen[15]).

Bei der virtuellen Verrückung können die Stellen der Konstruktion, an denen nicht zerschnittene Wegfesseln anschließen, nur Wege $\mathfrak{w}^v$ senkrecht zu den betreffenden Wegfessel-Linien (sowie Drehungen) ausführen; desgl. können Stellen, an denen nicht zerschnittene Drehfesseln anschließen, nur Drehungen $\bar{\varphi}^v$ um Achsen senkrecht zu den betreffenden Drehfessel-Linien (sowie Wege) ausführen. — Die von nicht zerschnittenen Fesseln auf den Körper ausgeübten Fessellasten (Reaktionen) leisten daher bei der virtuellen Verrückung keine Arbeiten.

Falls eine Wegfessel (1—1) zerschnitten wurde, gilt also[16]

$$\mathfrak{P}_1^F \mathfrak{w}_1^v + \sum_\varkappa \mathfrak{P}_\varkappa \mathfrak{w}_\varkappa^v + \sum_\varkappa \mathfrak{M}_\varkappa \bar{\varphi}^v = 0 \tag{49a}$$

[15] Aus der Mechanik als bekannt vorausgesetzt; s. z. B. W. Müller, Dynamik I; Sammlung Göschen, Bd. 902.

[16] Virtuelle Arbeit = inneres Produkt aus Kraft und virtuellem Weg bzw. aus Moment und virtueller Drehung.

oder

$$P_1^F w_{1(1)}^v + \sum_{\varkappa} \{P_{x(\varkappa)} w_{x(\varkappa)}^v + P_{y(\varkappa)} w_{y(\varkappa)}^v + P_{z(\varkappa)} w_{z(\varkappa)}^v + M_{x(\varkappa)} \varphi_x^v + M_{y(\varkappa)} \varphi_y^v + M_{z(\varkappa)} \varphi_z^v\} = 0. \qquad (49\,\mathrm{b})$$

Falls eine Drehfessel (I—I) zerschnitten wurde, gilt entsprechend

$$\mathfrak{M}_1^F \bar{\varphi}_1^v + \sum_{\varkappa} \mathfrak{P}_\varkappa \mathfrak{w}_\varkappa^v + \sum_{\varkappa} \mathfrak{M}_\varkappa \bar{\varphi}^v = 0 \qquad (50\,\mathrm{a})$$

oder

$$M_1^F \varphi_{1(1)}^v + \sum_{\varkappa} \{P_{x(\varkappa)} w_{x(\varkappa)}^v + P_{y(\varkappa)} w_{y(\varkappa)}^v + P_{z(\varkappa)} w_{z(\varkappa)}^v + M_{x(\varkappa)} \varphi_x^v + M_{y(\varkappa)} \varphi_y^v + M_{z(\varkappa)} \varphi_z^v\} = 0. \qquad (50\,\mathrm{b})$$

Für eine der in Gleichung 49b bzw. 50b auftretenden Verschiebungskomponenten kann ein bestimmter Betrag angenommen werden. Alle weiteren Weg- und Drehungskomponenten ergeben sich dann aus rein geometrischen Überlegungen. Die zur zerschnittenen Fessel gehörende Fessellast (Betrag P_1^F bzw. M_1^F) kann dann nach Gleichung 49b bzw. 50b berechnet werden.

Diese Berechnungsweise ist allerdings nur dann sinnvoll, wenn die Ermittlung der Weg- und Drehungs-Komponenten zu der virtuellen Verrückung auf Grund einfacher geometrischer Betrachtungen erfolgen kann. Das ist stets der Fall, wenn die Konstruktion so gefesselt ist, daß alle bei der virtuellen Verrückung auftretenden Wege und Drehungen in einer Ebene liegen. (Beispiele dazu s. in Abschnitt III D.)

Die voranstehenden Ausführungen können leicht dahingehend erweitert werden, daß gleichzeitig mehrere Fesseln zerschnitten werden.

III. Stab

A. Allgemeines

1. Vorbemerkungen

Ein Bauteil wird als Stab bezeichnet, wenn sein Baumaterial in der Umgebung einer Linie angeordnet ist und seine Abmessungen senkrecht zu dieser Linie als klein gegenüber der

Linien-Länge angesehen werden (s. Abb. 26). Eine Linie, um die herum das Baumaterial eines Stabes so angeordnet ist, daß sie jede zu ihr senkrechte Schnittfläche des Stabes in deren Flächenschwerpunkt schneidet, wird im folgenden „Systemlinie" des Stabes genannt; die zu ihr senkrechten Schnittflächen des Stabes werden als „Querschnitts-flächen" bezeichnet.

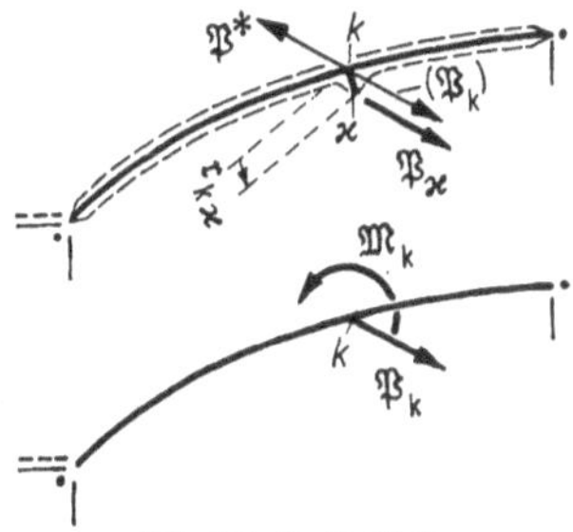

Abb. 26. Systemlinie

Greift an einer Stelle $\varkappa$ des Stabes, außerhalb der Systemlinie, eine Kraft $\mathfrak{P}$ an, so wird von folgender Vorstellung Gebrauch gemacht:

In dem Punkt k der Systemlinie, welcher der Stelle $\varkappa$ am nächsten liegt, werden noch zwei entgegengesetzt gleiche Kräfte $\mathfrak{P}_k$ und $\mathfrak{P}^*$ angenommen, und zwar (s. Abb. 26)

$$\mathfrak{P}_k = \mathfrak{P}_\varkappa, \quad \mathfrak{P}^* = -\mathfrak{P}_\varkappa.$$

Statt zu sagen, an der Stelle $\varkappa$ wirke die Kraft $\mathfrak{P}_\varkappa$, wird dann gesagt, am Punkt k wirke:

die Kraft $\mathfrak{P}_k$ $(= \mathfrak{P}_\varkappa)$ sowie

das Moment $\mathfrak{M}_k$ des von $\mathfrak{P}_\varkappa$ und $\mathfrak{P}^*$ gebildeten Kräftepaares, also das Moment der Kraft $\mathfrak{P}_\varkappa$ bezüglich des Punktes k (s. Gleichung 27, 28):

$$\mathfrak{M}_k = \mathfrak{M}_k^P = [\mathfrak{r}_{k\varkappa}\,\mathfrak{P}_\varkappa],$$

wobei $\mathfrak{r}_{k\varkappa}$ die von k nach $\varkappa$ gerichtete Strecke ist; diese wird bedarfsweise als abzweigender Ast der Systemlinie veranschaulicht.

Greift bei $\varkappa$ ein Kräftepaar an, von dem nur das Moment $\mathfrak{M}$ gegeben ist, so wird nach ähnlichen Überlegungen gesagt, am Punkt k (s. oben) der Systemlinie wirke das Moment $\mathfrak{M}_k (= \mathfrak{M})$.

Dem Voranstehenden entsprechend werden Stäbe im folgenden als Linien (Systemlinien) wiedergegeben, die mit Fesseln angeschlossen und mit Kräften $\mathfrak{P}_k$ und Momenten $\mathfrak{M}_k$ belastet sind.

Abb. 27.
Anschluß außerhalb der Systemlinie

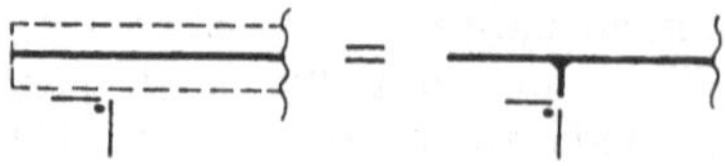

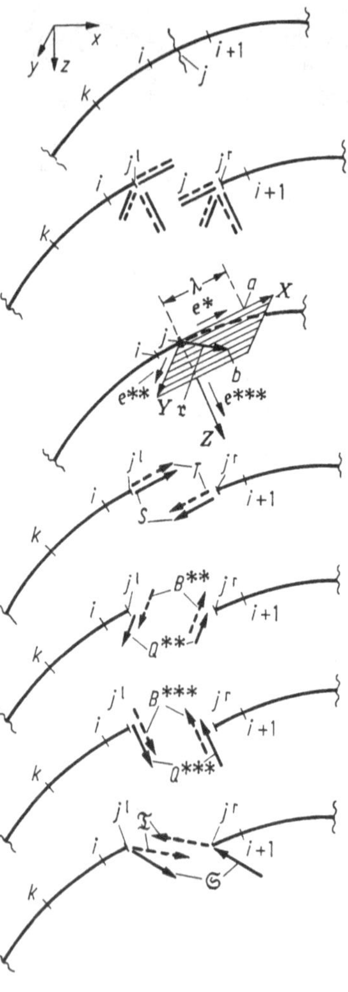

a
b
c
d
e
f
g

Jede solche Kraft $\mathfrak{P}_k$, desgl. jedes Moment $\mathfrak{M}_k$, kann dabei auch als resultierende Kraft bzw. resultierendes Moment von mehreren Kräften und Momenten aufgefaßt werden.

Ist eine Fessel an einer Stelle des Stabes außerhalb seiner Systemlinie angeschlossen (s. Abb. 27), so wird die Strecke vom Fessel-Anschlußpunkt bis zum nächstliegenden Punkt der Systemlinie wieder bedarfsweise als abzweigender Ast der Systemlinie veranschaulicht.

2. *Schnittlasten*

Wird ein irgendwie belasteter Stab in zwei Abschnitte unterteilt gedacht (s. Abb. 28a), so kann jeweils der eine Abschnitt als am anderen gefesselt gelten (s. Abb. 28b), und zwar durch 3 (innere) Wegfesseln und 3 (innere) Drehfesseln (es sei denn, daß an der Trennstelle j eine Verschieblichkeit (z. B. ein

Abb. 28. Innere Fesseln, Schnittlasten

Gelenk) liegt und sich damit die Anzahl der daselbst anzunehmenden inneren Fesseln erniedrigt, vgl. Abb. 10). Wenn nichts anderes vermerkt ist, wird über diese (inneren) Fesseln folgendermaßen verfügt (s. Abb. 28b, c):

Sie liegen dort, wo die **Systemlinie** die Schnittflächen durchsetzt; ihre Wirkungslinien seien parallel den Achsen eines örtlichen Koordinatensystems X, Y, Z[17], dessen Ursprung in $\mathfrak{j}$ liegt und dessen Achsen parallel der Systemlinien-Tangente sowie den beiden Hauptträgheitsachsen der Querschnittsfläche bei $\mathfrak{j}$ sind.

Die Einheitsvektoren im Sinne $+X$, $+Y$, $+Z$ werden $\mathfrak{e}^*$ (parallel der Systemlinien-Tangente), $\mathfrak{e}^{**}$, $\mathfrak{e}^{***}$ genannt.

Dasjenige der beiden Schnittufer (s. Abb. 28b), das beim Fortschreiten in Richtung $+X$, d. h. im Pfeilsinn von $\mathfrak{e}^*$, zuerst angetroffen wird, heißt im folgenden „linkes Schnittufer" $\mathfrak{j}^l$, das andere heißt „rechtes Schnittufer" $\mathfrak{j}^r$. Die von den inneren Fesseln auf den einzelnen Stababschnitt ausgeübten (inneren) Fessellasten werden zusammenfassend „Schnittlasten" bzw. „Schnittkräfte" und „Schnittmomente" genannt; im einzelnen heißen sie (s. Abb. 28d, e, f):

Längs- oder Normalkraft oder auch Stabkraft (Pfeile parallel $\mathfrak{e}^*$),
Querkraft Q^{**} (Pfeile parallel $\mathfrak{e}^{**}$),
Querkraft Q^{***} (Pfeile parallel $\mathfrak{e}^{***}$),
Torsions- oder Drillmoment T (Pfeile parallel $\mathfrak{e}^*$),
Biegemoment B^{**} (Pfeile parallel $\mathfrak{e}^{**}$),
Biegemoment B^{***} (Pfeile parallel $\mathfrak{e}^{***}$)[18].

Jede am linken Schnittufer wirkende Schnittlast ist der gleichnamigen Schnittlast am rechten Schnittufer entgegengesetzt gleich[19].

Eine Schnittlast gilt als positiv, wenn der sie darstellende Pfeil am linken Schnittufer $\mathfrak{j}^l$ im Sinne $+X$ bzw. $+Y$ bzw.

[17] Rechtwinkliges Rechts-Koordinatensystem.

[18] In der Praxis wird für Biegemomente wie für die Beträge von (äußeren) Einzelmomenten das Zeichen M verwendet, wenn keine Verwechselung möglich ist. Lt. DIN 1080 M_B statt B.

[19] Dabei ist unterstellt, daß zwischen den Schnittufern nicht noch andere Kräfte oder Momente eingeleitet werden.

$+Z$, d. h. im Pfeilsinn von $\mathfrak{e}^*$, $\mathfrak{e}^{**}$ bzw. $\mathfrak{e}^{***}$, und somit am rechten Schnittufer j^r entgegen $\mathfrak{e}^*$, $\mathfrak{e}^{**}$, $\mathfrak{e}^{***}$ weist.

Bedarfsweise werden die am linken, desgl. die am rechten Schnittufer wirkenden Schnittkräfte bzw. Schnittmomente zur resultierenden Schnittkraft $\mathfrak{S}$ (mit den Komponenten S, Q^{**}, Q^{***}) bzw. zum resultierenden Schnittmoment $\mathfrak{T}$ (mit den Komponenten T, B^{**}, B^{***}) zusammengefaßt (s. Abb. 28g).

Soweit die Einheitsvektoren $\mathfrak{e}^*$, $\mathfrak{e}^{**}$, $\mathfrak{e}^{***}$ parallel und gleichsinnig den Richtungen x, y, z des ortsunabhängigen Koordinatensystems sind (s. Abb. 33), werden die Schnittlasten ggf. mit S, Q_y, Q_z, T, B_y, B_z bezeichnet.

3. *Aufgabenstellung (auch zu Bd. II und III)*

In den folgenden Ausführungen werden Stäbe und aus Stäben aufgebaute Systeme, sog. Stabwerke, behandelt. Gezeigt wird die Ermittlung der Schnittlasten, die unter der Einwirkung von eingeprägten Lasten (u. U. auch von Temperatur- und anderen Einflüssen) auftreten. Ferner wird die Ermittlung der Formänderung von Stäben und Stabwerken behandelt, die infolge der Formänderungseigenschaften des Baustoffs unter den genannten Einflüssen zustande kommt.

Wie bereits an verschiedenen Stellen des Vorangegangenen wird im folgenden Wortlaut auch dann von Lasten (Kräften, Momenten) und Verschiebungen (Drehungen, Wegen) gesprochen, wenn es sich nur um deren Beträge handelt, es sei denn, daß eine genauere Ausdrucksweise zur Vermeidung von Mißverständnissen erforderlich ist.

B. Gerader Stab

1. *Elementarstab*

a) Vorbemerkungen

Ein gerader Stab sei nach Abb. 29 an zwei Stellen l und r seiner Systemlinie gefesselt: sog. „Balken oder Träger auf zwei Stützen". Die Hauptträgheitsachsen seiner Querschnittsflächen (Achsen Y und Z lt. Abschnitt III A 2) seien parallel und gleichsinnig den Achsen y und z eines ortsunabhängigen Koordinatensystems, dessen Achse x mit der Systemlinie des Stabes zusammenfällt.

Ein solcher Stab wird im folgenden wegen seiner grundlegenden Bedeutung für alle weiteren Ausführungen als „Elementarstab“ bezeichnet. Außer den Abszissen x, von l aus gemessen, werden Abszissen x', von r aus gemessen, eingeführt $x' = s - x$ (s. Abb. 29).

Wenn ausgesprochen werden soll, daß eine Stelle der Konstruktion eine Last-Angriffsstelle ist, werden ihre Abszissen mit $\mathfrak{x}$ und $\mathfrak{x}'$ $(= s - \mathfrak{x})$ bezeichnet (s. Abb. 29).

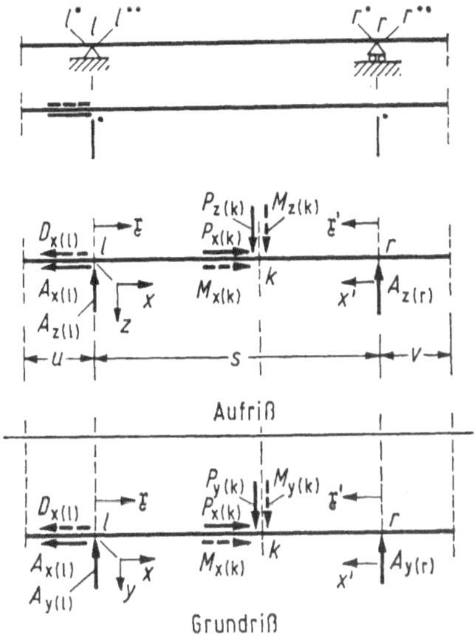

Abb. 29. Gerader Elementarstab

Bedarfsweise werden die Abszissen gelegentlich auch von den Stab-Enden 0 und n aus gemessen und dann durch einen Querstrich gekennzeichnet: $\bar{x}, \bar{x}', \bar{\mathfrak{x}}, \bar{\mathfrak{x}}'$ (s. Abb. 32, 33).

b) Fessellasten

α) Allgemeine Beziehungen

Statt „Beträge der Fessellasten“ wird fortan kurz gesagt: „Fessellasten“ bzw. „Fesselkräfte“, „Fesselmomente“ oder auch, dem allgemeinen Sprachgebrauch entsprechend: „Auflagerkräfte“, „Einspannmomente“.

Der Elementarstab ist ein Sonderfall des in Abschnitt II G 2a behandelten Systems. Seine Fessellasten ergeben sich daher aus den Gleichungen 44:

$$A_{x(l)} = \sum_k P_{x(k)}, \tag{51a}$$

$$A_{y(l)} = \frac{1}{s} \sum_k \{P_{y(k)} \mathfrak{x}'_k - M_{z(k)}\}, \tag{51b}$$

$$A_{z(l)} = \frac{1}{s} \sum_k \{P_{z(k)} \mathfrak{x}'_k + M_{y(k)}\}, \tag{51c}$$

$$A_{y(r)} = \frac{1}{s} \sum_k \{P_{y(k)} \mathfrak{x}_k + M_{z(k)}\}, \tag{51d}$$

$$A_{z(r)} = \frac{1}{s} \sum_k \{P_{z(k)} \mathfrak{x}_k - M_{y(k)}\}, \tag{51e}$$

$$D_{x(l)} = \sum_k M_{x(k)}, \tag{51f}$$

$\sum_k$ erstreckt über die eingeprägten Lasten.

Sind die dem Stab eingeprägten Lasten l i n i e n h a f t verteilt:

$$\mathfrak{p}(\mathfrak{x}) \text{ [kg/cm]}, \quad \mathfrak{m}(\mathfrak{x}) \text{ [kgcm/cm]},$$

so können (s. Abb. 30) die von ihnen auf ein Element $d\mathfrak{x}$ ausgeübten Anteile als unendlich kleine Einzellasten $\mathfrak{p}(\mathfrak{x})\,d\mathfrak{x}$, $\mathfrak{m}(\mathfrak{x})\,d\mathfrak{x}$ aufgefaßt werden. In den Gleichungen 51 treten dann an die Stelle von $P_{x(k)}, P_{y(k)}, \ldots M_{z(k)}$ die Ausdrücke $p_x(\mathfrak{x})\,d\mathfrak{x}$, $p_y(\mathfrak{x})\,d\mathfrak{x}, \ldots m_z(\mathfrak{x})\,d\mathfrak{x}$, und aus den Summen werden Integrale, die sich über den Bereich der linienhaft verteilten Belastung erstrecken (s. Tafel 3, S. 62).

Soweit eine linienhaft verteilte Belastung nicht in Gestalt von bequem integrierbaren Ausdrücken gegeben ist, empfiehlt es sich, sie durch eine Gruppe von Einzellasten $P_{x(k)}, P_{y(k)}, P_{z(k)}$ bzw. $M_{x(k)}, M_{y(k)}, M_{z(k)}$ an geeigneten Stellen $k = 0, 1, \ldots n$ der Systemlinie zu ersetzen. Dazu wird (s. Abb. 30) die linienhaft verteilte Belastung, z. B. $p_z(\mathfrak{x})$, im Bereich jedes einzelnen Abschnitts $k - 1, k$ durch eine ausgleichende Gerade

$q(\mathfrak{x})$ mit den Abschnitts-Endordinaten $q_{k-1\cdot}$ und $q_{k\cdot}$ ersetzt, und es gilt z. B.:

$$P_{z(k)} = \frac{1}{6}\{\Delta\mathfrak{x}_{k-1,k}\,(q_{k-1\cdot\cdot} + 2q_{k\cdot}) + \Delta\mathfrak{x}_{k,\,k+1}(2q_{k\cdot\cdot} + q_{k+1\cdot})\}$$ [20] (52)

β) Einflußlinien

Im Sonderfall der Belastung durch eine Einzelkraft $P_z = 1$ an einer Stelle m mit der Abszisse $\mathfrak{x}$ (s. Abb. 31a) gilt nach den Gleichungen 51c, e:

$$A_{z(l);\,m} = 1 \cdot \frac{\mathfrak{x}'}{s}, \qquad A_{z(r);\,m} = 1 \cdot \frac{\mathfrak{x}}{s}. \tag{53}$$

Die bildlichen Darstellungen dieser Ausdrücke, d. h. $A_{z;\,m}$, aufgetragen als Funktion von $\mathfrak{x}$ (s. Abb. 31a), werden „Einflußlinien $A_{z(l);\,m}$, $A_{z(r);\,m}$ der Auflagerkräfte $A_{z(l)}$ bzw. $A_{z(r)}$ zu Kräften P_z" genannt.

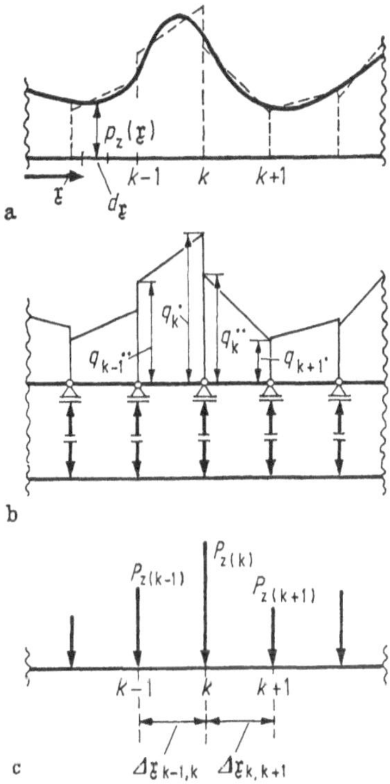

Abb. 30. Ersatz linienhaft verteilter Kräfte $p_z(\mathfrak{x})$ durch Einzelkräfte P_z

Wandert die Kraft $P_z = 1$ über den Stab und steht sie momentan an der Stelle m mit der Abszisse $\mathfrak{x}$, so kennzeichnet die Einflußlinien-Ordinate unter m die bei dieser Laststellung auftretende Auflagerkraft $A_{z(l);\,m}$ bzw. $A_{z(r);\,m}$.

[20] Soweit es sich um Kräfte senkrecht zur Systemlinie handelt, läßt sich dieser Ersatz folgendermaßen deuten: Es wird angenommen, die Belastung $q(\mathfrak{x})$ wirke nicht am Stab selbst, sondern an Zwischenträgern nach Abb. 30b. Z. B. $P_{z(k)}$ bedeutet dann die Summe der beiden Aktionskräfte, die von den Zwischenträgern $k-1$, k und k, $k+1$ auf die Stelle k des Stabes ausgeübt werden.

Besteht die Belastung des Stabes aus einer Gruppe von Einzelkräften $P_{z(k)}$ an irgendwelchen Stellen k des Stabes (s. Abb. 31 b) und werden die zu diesen Stellen gehörenden Ordinaten der Einflußlinie mit η_k bezeichnet, so gilt z. B. für $A_{z(l)}$:

$$A_{z(l)} = \sum_k P_{z(k)} \eta_k . \qquad (54)$$

Entsprechendes gilt für $A_{z(r)}$.

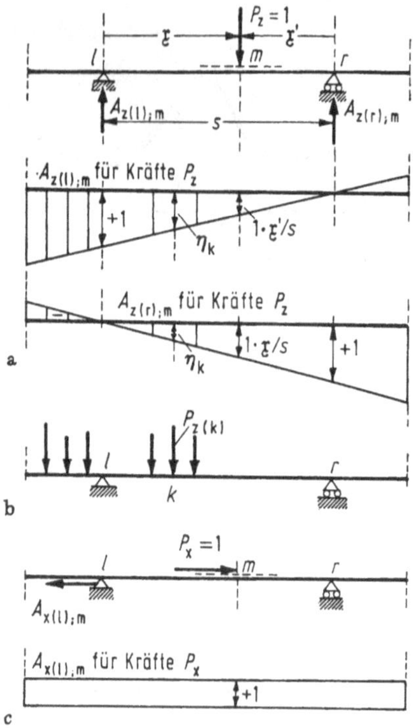

Abb. 31. Einflußlinien der Auflagerkräfte

Mittels der Einflußlinien und ihrer „Auswertung" nach Gleichung 54 können die Auflagerkräfte für jede beliebige Stellung eines „Lastenzuges" mit Kräften $P_{z(k)}$ mühelos ermittelt werden. Ferner läßt sich an Hand der Einflußlinien leicht feststellen, bei welchen Stellungen eines Lastenzuges die größten positiven und negativen Beträge der Auflagerkräfte auftreten.

Greift am Stab eine linienhaft verteilte Belastung $p_z(\mathfrak{x})$ an (s. Abb. 30), so kann der auf ein Element $d\mathfrak{x}$ wirkende Lastanteil wieder als unendlich kleine Einzelkraft $p_z(\mathfrak{x})\, d\mathfrak{x}$ aufgefaßt werden, und es gilt z. B. für die Auflagerkraft $A_{z(l)}$ (s. Gleichung 54):

$$A_{z(l)} = \int p_z(\mathfrak{x})\, \eta\, (\mathfrak{x})\, d\mathfrak{x}, \qquad (55)$$

d. h.: Die Auflagerkräfte ergeben sich als Flächeninhalte von Kurven $p_z(\mathfrak{x})\, \eta(\mathfrak{x})$ (sofern es nicht vorgezogen wird, die linienhaft verteilte Belastung $p_z(\mathfrak{x})$ von vornherein in eine Gruppe von Einzelkräften lt. Gleichung 52 aufzuteilen und die zugehörigen Auflagerkräfte dann nach Gleichung 54 zu berechnen).

In ähnlicher Weise können die Einflußlinien der Fessellasten auch für Kräfte P_x und P_y sowie für Momente M_x, M_y, M_z ermittelt und ausgewertet werden:

Betrachtung von Belastungszuständen „$P_x = 1$" bzw. „$P_y = 1$", „$M_x = 1$", . . ., momentan an beliebiger Stelle m der Systemlinie wirkend (s. z. B. Abb. 31c).

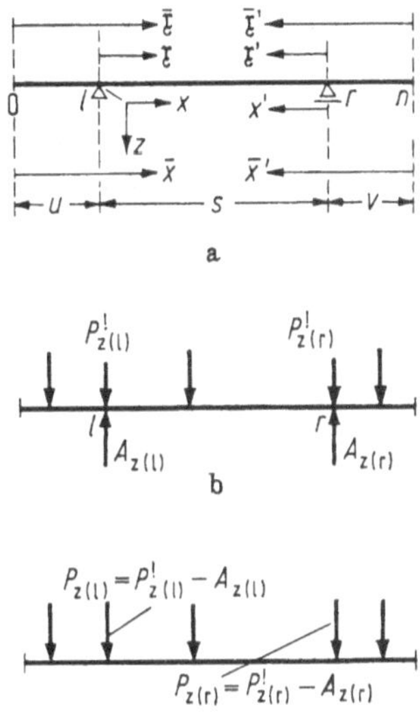

Abb. 32
Koordinaten und Entfesselung

c) Schnittlasten

α) Allgemeine Beziehungen

Zur Berechnung der Schnittlasten (s. Abschnitt III A 2) wird angenommen, der Stab sei von den Fesseln abgeschnitten und an Stelle der Fesseln seien die vorher berechneten Fessellasten (Reaktionskräfte $A_{x(l)}, \ldots A_{z(r)}$, Reaktionsmoment $D_{x(l)}$) am Stab angebracht: sog. „Entfesselung" des Stabes (s. Abb. 32b, Fessellasten mit positivem Betrag eingetragen).

Die folgenden Betrachtungen zur Schnittlasten-Berechnung werden am entfesselten Stab vorgenommen.

Wirken an den Stellen l oder r auch noch eingeprägte Lasten (s. Abb. 32b), so seien diese ausnahmsweise mit $\overset{!}{P}_{x(l)}, \ldots \overset{!}{P}_{z(l)}$, $\overset{!}{M}_{x(l)}, \ldots$ bezeichnet. — Als Lasten $P_{x(l)}, \ldots P_{z(l)}, M_{x(l)}, \ldots$ (ohne den Zeiger „!") gelten dann (s. Abb. 32c)

$$P_{x(l)} = -A_{x(l)} + \overset{!}{P}_{x(l)}, \ldots, \quad P_{z(l)} = -A_{z(l)} + \overset{!}{P}_{z(l)},$$
$$M_{x(l)} = -D_{x(l)} + \overset{!}{M}_{x(l)}, \ldots . \tag{56}$$

Wirken an den Stellen l oder r keine eingeprägten Lasten, so gilt also

$$\begin{aligned} P_{x(l)} &= -A_{x(l)}, \ \ldots, \quad P_{z(l)} = -A_{z(l)}, \\ M_{x(l)} &= -D_{x(l)}, \ \ldots . \end{aligned} \tag{57}$$

Bei Betrachtungen am entfesselten Stab bleibt es sich gleich, ob eine irgendwo an ihm wirkende Last $P_{x(l)}, \ldots P_{z(l)}, M_{x(l)}, \ldots$ aus einer Fessel herrührt oder ob es sich um eine der eingeprägten Lasten handelt. Die am entfesselten Stab wirkenden Lasten werden daher, gleichgültig ob sie aus Fesseln herrühren oder ob es sich um eingeprägte Lasten handelt, zusammenfassend als „äußere Lasten" („äußere Kräfte, äußere Momente") bezeichnet. — Wenn beim entfesselten Stab von Last-Angriffsstellen gesprochen wird, so sind darunter sowohl die Angriffsstellen der eingeprägten Lasten als auch die der Fessellasten zu verstehen (es sei denn, daß ausdrücklich etwas anderes vermerkt ist).

Für die nächsten Betrachtungen ist es überwiegend vorteilhaft, wenn die Abszissen nicht mehr von den Stellen l und r aus, sondern vom linken bzw. vom rechten Ende des Stabes aus gemessen werden: $\bar{x}$, $\bar{x}'$, $\bar{\mathfrak{x}}$, $\bar{\mathfrak{x}}'$ (s. Abb. 32a, 33). Bedarfsweise wird aber später wieder zu den alten Abszissen x, x', $\mathfrak{x}$, $\mathfrak{x}'$ zurückgekehrt:

$$\begin{aligned} x &= \bar{x} - u, \quad x' = \bar{x}' - v, \\ \mathfrak{x} &= \bar{\mathfrak{x}} - u, \quad \mathfrak{x}' = \bar{\mathfrak{x}}' - v. \end{aligned} \tag{58}$$

Zur Berechnung der Schnittlasten an einer Stelle j, die zwischen zwei aufeinander folgenden Last-Angriffsstellen i und $i + 1$ liege (s. Abb. 33), wird der (entfesselte) Stab an der Stelle j durch einen Schnitt in zwei „Teilstäbe" zerlegt gedacht. Als Ersatz für die damit zerschnittenen inneren Fesseln bei j (s. Abschnitt III A 2) werden die (zunächst noch unbekannten) 6 Schnittlasten $S_{(j)}, \ldots B_{z(j)}$ an den Schnittufern bei j eingetragen (s. Abb. 33), und zwar mit positivem Vorzeichen lt. Abschnitt III A 2. Sie werden dann als zusätzliche äußere Lasten an den Teilstäben aufgefaßt, und zwar (s. Abb. 33):

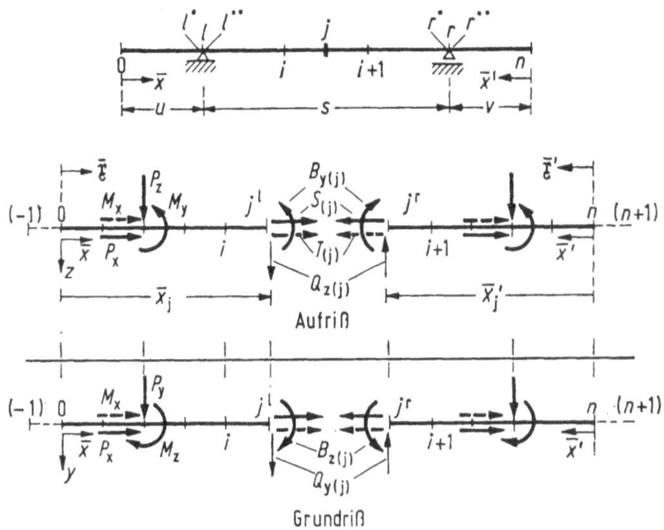

Abb. 33. Schnittlasten

am linken Schnittufer j^l als **positive** Kräfte und Momente $P_{x(j)} = S_{(j)}$, $P_{y(j)} = Q_{y(j)}$, ... $M_{z(j)} = B_{z(j)}$,

am rechten Schnittufer j^r dagegen als **negative** äußere Kräfte und Momente $P_{x(j)} = -S_{(j)}$, $P_{y(j)} = -Q_{y(j)}$, ... $M_{z(j)} = -B_{z(j)}$.

Zu ihrer Berechnung werden analog dem in Abschnitt II D Ausgeführten die Gleichgewichtsbedingungen des linken **oder** des rechten **Teil**-Stabes aufgestellt. Indem dabei lt. Voranstehendem für **alle** äußeren Kräfte das Zeichen $\mathfrak{P}$, für **alle** äußeren Momente das Zeichen $\mathfrak{M}$ verwendet wird, lautet die Kräfte-Gleichgewichtsbedingung:

$$\overline{\Sigma}\, \mathfrak{P} = 0, \tag{59}$$

die Momenten-Gleichgewichtsbedingung bezüglich des Punktes $o = j$:

$$\overline{\Sigma}\, \mathfrak{M}_j^P + \overline{\Sigma}\, \mathfrak{M} = 0, \tag{60}$$

$\overline{\Sigma}$ erstreckt über die am entfesselten Teilstab wirkenden äußeren Kräfte bzw. Momente einschließlich der die Schnittlasten am Schnittufer bei j wiedergebenden.

Werden diese Gleichgewichtsbedingungen z. B. für den linken Teilstab in Komponenten bezüglich x, y, z angeschrieben, so ergibt sich

$$\Sigma_l P_x + P_{x(j)} = \Sigma_l P_x + S_{(j)} = 0$$

usw.,

wobei sich Σ_l über die äußeren Lasten des linken Teilstabes erstreckt, ausgenommen diejenigen, welche die Schnittlasten bei j^l wiedergeben.

Insgesamt ergeben sich auf diese Weise am linken Teilstab folgende Ausdrücke:

$$S_{(j)} = -\Sigma_l P_x, \tag{61a}$$

$$Q_{y(j)} = -\Sigma_l P_y, \tag{61b}$$

$$Q_{z(j)} = -\Sigma_l P_z, \tag{61c}$$

$$T_{(j)} = -\Sigma_l M_x, \tag{61d}$$

$$B_{y(j)} = -\Sigma_l \{P_z(\bar{x}_j - \bar{\mathfrak{x}}) + M_y\}, \tag{61e}$$

$$B_{z(j)} = -\Sigma_l \{-P_y(\bar{x}_j - \bar{\mathfrak{x}}) + M_z\}, \tag{61f}$$

Σ_l erstreckt über die äußeren Lasten an den Stellen 0 bis i des Teilstabes links von j (einschließlich derjenigen, die aus Fesseln im Bereich 0 bis i herrühren).

In entsprechender Weise ergibt sich (mit zahlenmäßig gleichem Ergebnis) am rechten Teilstab:

$$S_{(j)} = \Sigma_r P_x, \tag{62a}$$

$$Q_{y(j)} = \Sigma_r P_y, \tag{62b}$$

$$Q_{z(j)} = \Sigma_r P_z, \tag{62c}$$

$$T_{(j)} = \Sigma_r M_x, \tag{62d}$$

$$B_{y(j)} = \Sigma_r \{-P_z(\bar{x}'_j - \bar{\mathfrak{x}}') + M_y\}, \tag{62e}$$

$$B_{z(j)} = \Sigma_r \{P_y(\bar{x}'_j - \bar{\mathfrak{x}}') + M_z\}, \tag{62f}$$

Σ_r erstreckt über die äußeren Lasten an den Stellen $i + 1$ bis n des Teilstabes rechts von j (einschließlich derjenigen, die aus Fesseln im Bereich $i + 1$ bis n herrühren).

Die Gleichungen 61, 62 werden „Summenformeln für die Schnittlasten" genannt; sie können, ähnlich wie in Abschnitt II G 2a für die Fessellasten dargelegt, auch unmittelbar aus Abb. 33 abgelesen werden.

Indem die Beträge S, Q, T, B längs der Systemlinie aufgetragen werden (s. Abb. 34), ergeben sich die sog. „Zustandslinien" des Stabes: Längskraft- oder Normalkraft- oder Stabkraftlinie $S(\bar{x})$, Querkraftlinien $Q_y(\bar{x})$, $Q_z(\bar{x})$, Torsionsmomenten- oder Drillmomentenlinie $T(\bar{x})$, Biegemomentenlinien $B_y(\bar{x})$, $B_z(\bar{x})$.

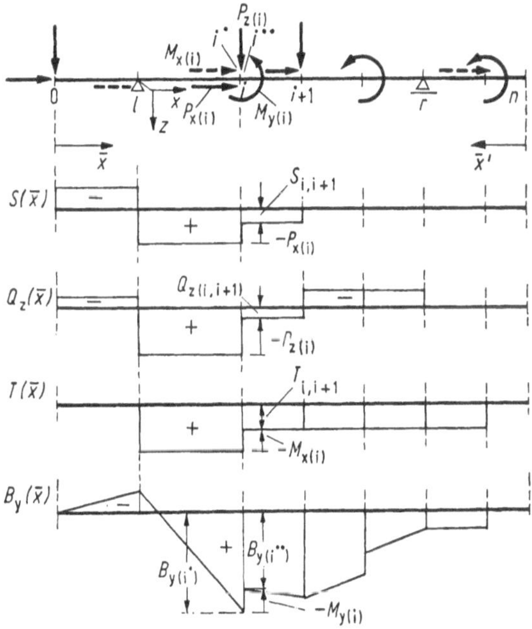

Abb. 34. Zustandslinien

Für alle Stellen j zwischen zwei aufeinanderfolgenden Last-Angriffsstellen i und $i+1$ sind die Schnittlasten S, Q_y, Q_z, T konstant längs $\bar{x}$; daher kann statt $S_{(j)}$, $Q_{y(j)}$, $Q_{z(j)}$, $T_{(j)}$ geschrieben werden: $S_{(i,i+1)}$, $Q_{y(i,i+1)}$, $Q_{z(i,i+1)}$, $T_{i,i+1)}$.

An den Last-Angriffsstellen, z. B. an der Stelle i (s. Abb. 34), springen die Beträge dieser Schnittlasten beim Fortschreiten im Sinne $+x$ um den Betrag $-P_{x(i)}$ bzw. $-P_{y(i)}$, $-P_{z(i)}$, $-M_{x(i)}$.

B_y und B_z dagegen ändern sich im allgemeinen zwischen zwei aufeinander folgenden Last-Angriffsstellen i und $i+1$, und zwar geradlinig längs $\bar{x}$. An Momenten-Angriffsstellen, z. B. an einer Stelle i, springen sie um den Betrag $-M_{y(i)}$ bzw. $-M_{z(i)}$. — Im folgenden werden die Biegemomente unmittelbar links von i mit $B_{y(i\cdot)}$, $B_{z(i\cdot)}$, unmittelbar rechts von i mit $B_{y(i\cdot\cdot)}$, $B_{z(i\cdot\cdot)}$ bezeichnet.

Aus den Gleichungen 61 folgt:

$$S_{(i,i+1)} - S_{(i-1,i)} = -P_{x(i)} \tag{63}$$

oder[21]

$$S_{(i,i+1)} = S_{i-1,i)} - P_{x(i)}, \tag{64a}$$

ferner

$$Q_{y(i,i+1)} = Q_{y(i-1,i)} - P_{y(i)}, \tag{64b}$$

$$Q_{z(i,i+1)} = Q_{z(i-1,i)} - P_{z(i)}, \tag{64c}$$

$$T_{(i,i+1)} = T_{(i-1,i)} - M_{x(i)}, \tag{64d}$$

$$B_{y(i\cdot\cdot)} = B_{y(i\cdot)} - M_{y(i)}, \tag{64e'}$$

$$B_{y(i+1\cdot)} = B_{y(i\cdot)} + Q_{z(i,i+1)}(\bar{x}_{i+1} - \bar{x}_i) - M_{y(i)}, \tag{64e''}$$

$$B_{z(i\cdot\cdot)} = B_{z(i\cdot)} - M_{z(i)}, \tag{64f'}$$

$$B_{z(i+1\cdot)} = B_{z(i\cdot)} - Q_{y(i,i+1)}(\bar{x}_{i+1} - \bar{x}_i) - M_{z(i)}, \tag{64f''}$$

$P_{x(i)}, \ldots M_{z(i)}$ = äußere Lasten an der Stelle i (eingeprägte und ggf. aus Fesseln herrührende Lasten).

---

[21] Die Formeln 64a, . . ., e', f' können auch anschaulich aus den Gleichgewichtsbedingungen eines kleinen, die Stelle i enthaltenden Stababschnittes hergeleitet werden, die Formeln 64e'', f'' entsprechend aus den Gleichgewichtsbedingungen des Abschnitts $i\cdot, i+1\cdot$.

Die Gleichungen 64 werden „Rekursionsformeln für die Schnittlasten“ genannt[22].

Wird jenseits des linken Stab-Endes 0 noch ein gedachter Abschnitt $-1{,}0$ angenommen (s. Abb. 33), so gilt für diesen:

$$\begin{aligned} S_{(-1,0)} &= Q_{y(-1,0)} = Q_{z(-1,0)} = 0\,, \\ T_{(-1,0)} &= B_{y(0\cdot)} \;\;= B_{z(0\cdot)} \;\;= 0. \end{aligned} \tag{65}$$

Unter Beachtung dieser „Anfangswerte“ vom Betrage Null können die Schnittlasten in den Abschnitten $i, i+1$ bzw. an den Stellen $\ldots i\cdot, i\cdot\cdot, \ldots$ bequem an Hand der Rekursionsformeln berechnet werden („Rekurrente“ Berechnung; Schema s. in Tafel 4). Die Biegemomente an jeder Stelle j zwischen zwei aufeinander folgenden Last-Angriffsstellen i und $i+1$ ergeben sich anschließend zufolge ihres geradlinigen Verlaufes zwischen den Stellen $i\cdot\cdot$ und $i+1\cdot$.

Aus den Rekursionsformeln für die Biegemomente können noch Ausdrücke der folgenden Art[23] entwickelt werden:

$$\begin{aligned} &\frac{B_{y(i+1\cdot)} - B_{y(i\cdot)}}{\bar{x}_{i+1} - \bar{x}_i} - \frac{B_{y(i\cdot)} - B_{y(i-1\cdot)}}{\bar{x}_i - \bar{x}_{i-1}} \\ &\qquad = -P_{z(i)} - \left(\frac{M_{y(i)}}{\bar{x}_{i+1} - \bar{x}_i} - \frac{M_{y(i-1)}}{\bar{x}_i - \bar{x}_{i-1}}\right). \end{aligned} \tag{66}$$

Ist die eingeprägte Belastung linienhaft verteilt, so können die Gleichungen 61 bis 66 unverändert benutzt werden, sofern die Belastung lt. Abschnitt III B 1 bα durch Einzellasten ersetzt wird.

Soll letzteres nicht geschehen, so gilt folgendes:

Analog dem in Abschnitt III B 1 bα Ausgeführten sind die in den Summenformeln 61, 62 enthaltenen eingeprägten Lasten P, M durch $p(\bar{\mathfrak{x}})\,d\bar{\mathfrak{x}}$, $m(\bar{\mathfrak{x}})\,d\bar{\mathfrak{x}}$ zu ersetzen. (Die Fessellasten bleiben unverändert als Einzellasten stehen.) — Z. B. in den Ausdrücken Σ_l werden dann diejenigen Anteile der Summen, die sich über Glieder mit dem Faktor $d\bar{\mathfrak{x}}$ erstrecken, zu Integralen, erstreckt von $\bar{\mathfrak{x}} = 0$ bis $\bar{\mathfrak{x}} = \bar{x}_j$ (s. Tafel 3).

[22] Oder auch: „Differenzengleichungen 1. Ordnung für die Schnittlasten“.

[23] „Differenzengleichungen 2. Ordnung für die Biegemomente“.

Aus den Gleichungen 51c, 51e (vgl. Abb. 29):

$$A_{z(l)} = \frac{1}{s} \int_{\mathfrak{x}=-u}^{\mathfrak{x}=s+v} p_z(\mathfrak{x})\,(s-\mathfrak{x})\,d\mathfrak{x}, \qquad A_{z(r)} = \frac{1}{s} \int_{\mathfrak{x}=-u}^{\mathfrak{x}=s+v} p_z(\mathfrak{x})\,\mathfrak{x}\,d\mathfrak{x}.$$

Aus den Gleichungen 61c, 61e (vgl. Abb. 33):

im Bereich

$0 \leqq \bar{x} \leqq \bar{x}_{l\cdot}$:	$Q(\bar{x}) = -\int_0^{\bar{x}} p_z(\bar{\mathfrak{x}})\,d\bar{\mathfrak{x}}$	$B(\bar{x}) = -\int_0^{\bar{x}} p_z(\bar{\mathfrak{x}})\,(\bar{x}-\bar{\mathfrak{x}})\,d\bar{\mathfrak{x}}$
$\bar{x}_{l\cdot\cdot} \leqq \bar{x} \leqq \bar{x}_{r\cdot}$:	$Q(\bar{x}) = -\int_0^{\bar{x}} p_z(\bar{\mathfrak{x}})\,d\bar{\mathfrak{x}} + A_{z(l)}$	$B(\bar{x}) = -\int_0^{\bar{x}} p_z(\bar{\mathfrak{x}})\,(\bar{x}-\bar{\mathfrak{x}})\,d\bar{\mathfrak{x}} + A_{z(l)}(\bar{x}-u)$
$\bar{x}_{r\cdot\cdot} \leqq \bar{x} \leqq \bar{x}_n$:	$Q(\bar{x}) = -\int_0^{\bar{x}} p_z(\bar{\mathfrak{x}})\,d\bar{\mathfrak{x}} + A_{z(l)} + A_{z(r)}$	$B(\bar{x}) = -\int_0^{\bar{x}} p_z(\bar{\mathfrak{x}})\,(\bar{x}-\bar{\mathfrak{x}})\,d\bar{\mathfrak{x}} + A_{z(l)}(\bar{x}-u) + A_{z(r)}\{\bar{x}-(u+s)\}$

(Kontrolle: $Q(\bar{x}=\bar{x}_n) = 0$ $\qquad B(\bar{x} = \bar{x}_n) = 0$) $\bar{x}$

Aus Gl. 64c, 64e: $\dfrac{dQ(\bar{x})}{d\bar{x}} = -p_z(\bar{x}), \qquad \dfrac{dB(\bar{x})}{d\bar{x}} = Q(\bar{x})$

mit folgenden Nebenbedingungen (s. Gl. 65, vgl. Abb. 33):

im Bereich

$0 \leqq \bar{x} \leqq \bar{x}_{l\cdot}$:	$Q(\bar{x} = 0) = 0$	$B(\bar{x} = 0) = 0$
$\bar{x}_{l\cdot\cdot} \leqq \bar{x} \leqq \bar{x}_{r\cdot}$:	$Q(\bar{x} = x_{l\cdot\cdot}) = A_{z(l)} + Q(\bar{x}_{l\cdot})$ *	$B(\bar{x} = \bar{x}_{l\cdot\cdot}) = B(\bar{x}_{l\cdot})$ *
$\bar{x}_{r\cdot\cdot} \leqq \bar{x} \leqq \bar{x}_n$:	$Q(\bar{x} = \bar{x}_{r\cdot\cdot}) = A_{z(r)} + Q(\bar{x}_{r\cdot})$ **	$B(\bar{x} = \bar{x}_{r\cdot\cdot}) = B(\bar{x}_{r\cdot})$**

(Kontrolle: $Q(\bar{x} = \bar{x}_n) = 0$ $\qquad B(\bar{x} = \bar{x}_n) = 0$)

Aus Gl. 66: $\dfrac{d^2B}{d\bar{x}^2} = -p_z(\bar{x})$ mit folgenden Nebenbedingungen:

im Bereich

$0 \leqq \bar{x} \leqq \bar{x}_{l\cdot}$: $B(\bar{x} = 0) = 0$,

$\dfrac{dB(\bar{x} = 0)}{d\bar{x}} \;(= Q(\bar{x} = 0)) = 0.$

im Bereich

$\bar{x}_{r\cdot\cdot} \leqq \bar{x} \leqq \bar{x}_n$: $B(\bar{x} = \bar{x}_n) = 0$,

$\dfrac{dB(\bar{x} = \bar{x}_n)}{d\bar{x}} \;(= Q(\bar{x} = \bar{x}_n)) = 0.$

im Bereich $\bar{x}_{l\cdot\cdot} \leqq \bar{x} \leqq \bar{x}_{r\cdot}$:

$B(\bar{x} = \bar{x}_{l\cdot\cdot}) = B(\bar{x} = \bar{x}_{l\cdot}), \quad B(\bar{x} = \bar{x}_{r\cdot}) = B(\bar{x} = \bar{x}_{r\cdot\cdot})$.***

---

* $Q(\bar{x}_{l\cdot})$, desgl. $B(\bar{x} = \bar{x}_{l\cdot})$, bekannt aus dem Bereich $0 \leqq \bar{x} \leqq \bar{x}_{l\cdot}$.

** $Q(\bar{x}_{r\cdot})$, desgl. $B(\bar{x} = \bar{x}_{r\cdot})$, bekannt aus dem Bereich $\bar{x}_{l\cdot\cdot} \leqq \bar{x} \leqq \bar{x}_{r\cdot}$.

*** $B(\bar{x}_{r\cdot\cdot})$ bekannt aus dem Bereich $\bar{x}_{r\cdot\cdot} \leqq \bar{x} \leqq \bar{x}_n$.

Tafel 3. Bei linienhaft verteilter Belastung $p_z(\mathfrak{x})$ aus den Gleichungen 51, 61, 64, 66 hervorgehende Integralausdrücke und Differentialgleichungen

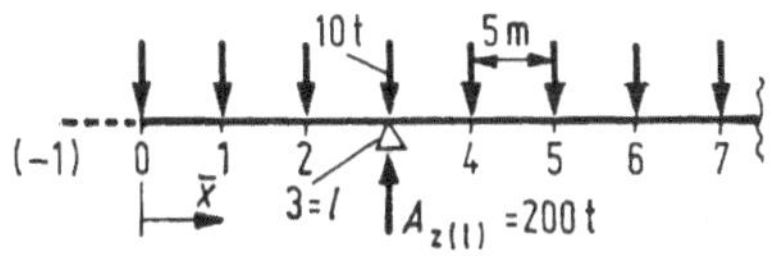

i	$-P_{z(i)}$	$O_{z(i,i+1)}$	$\bar{x}_{i+1}-\bar{x}_i$	$Q_{z(i,i+1)}(\bar{x}_{i+1}-\bar{x}_i)$	$B_{y(i)}$
(−1)	/				0
		0	/	0	
0	−10				0
		−10	5	−50	
1	−10				−50
		−20	5	−100	
2	−10				−150
		−30	5	−150	
3 = l	*) +190				−300
		+160	5	+800	
4	−10				+500
		+150	5	+750	

*) $P_{z(l)} = (P^!_{z(3)} - A_{z(l)})$ (s. Gl. 56)

Tafel 4. Rekursionsschema zur Berechnung der Schnittlasten zu eingeprägten Kräften P_z

a)

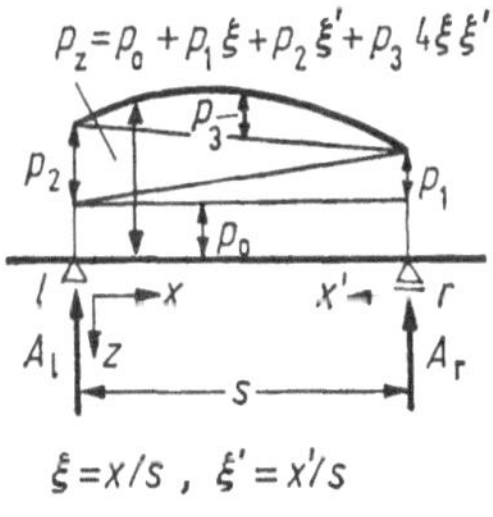

$$A_l = \frac{p_0 s}{2} + \frac{p_1 s}{6} + \frac{p_2 s}{3} + \frac{p_3 s}{3},$$

$$A_r = \frac{p_0 s}{2} + \frac{p_1 s}{3} + \frac{p_2 s}{6} + \frac{p_3 s}{3}.$$

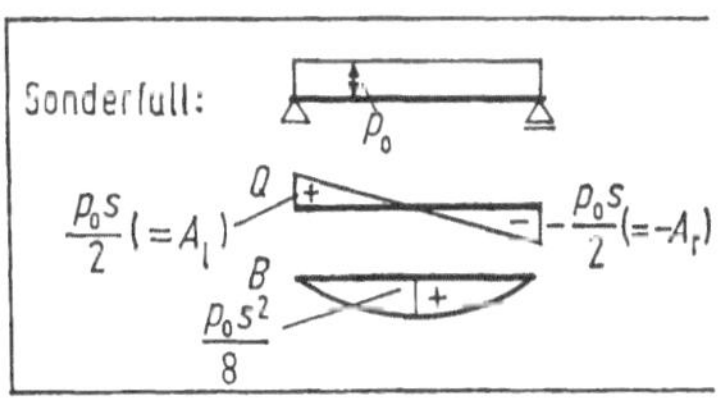

Links von l und rechts von r gilt:

$$Q = 0, \; B = 0;$$

zwischen l und r gilt:

$$Q = \frac{p_0 s}{2}(1 - 2\xi) + \frac{p_1 s}{6}(1 - 3\xi^2) + \frac{p_2 s}{6}(2 - 6\xi + 3\xi^2) + \frac{p_3 s}{3}(1 - 6\xi^2 + 4\xi^3),$$

$$B = \frac{p_0 s^2}{2}(\xi - \xi^2) + \frac{p_1 s^2}{6}(\xi - \xi^3) + \frac{p_2 s^2}{6}(2\xi - 3\xi^2 + \xi^3) + \frac{p_3 s^2}{3}(\xi - 2\xi^3 + \xi^4).$$

Tafel 5a. Querkräfte und Biegemomente

b)

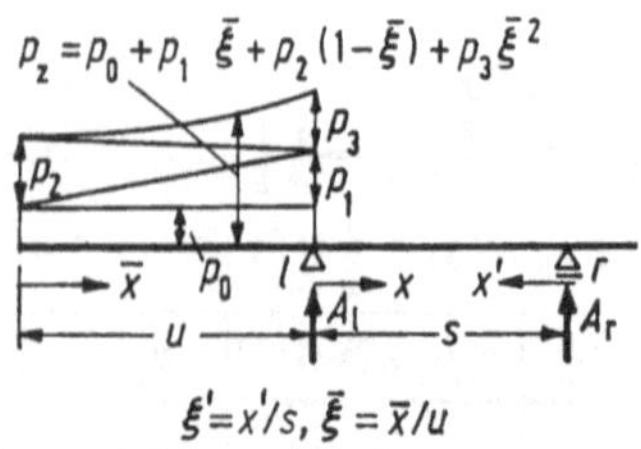

$$A_l = \frac{p_0 u}{2}\left(2 + \frac{u}{s}\right) + \frac{p_1 u}{6}\left(3 + \frac{u}{s}\right) + \frac{p_2 u}{6}\left(3 + 2\frac{u}{s}\right) + \frac{p_3 u}{12}\left(4 + \frac{u}{s}\right),$$

$$A_r = -\frac{p_0 u}{2}\cdot\frac{u}{s} - \frac{p_1 u}{6}\cdot\frac{u}{s} - \frac{p_2 u}{3}\cdot\frac{u}{s} - \frac{p_3 u}{12}\cdot\frac{u}{s}.$$

Links von l gilt:

$$Q = -p_0 u\,\bar\xi - \frac{p_1 u}{2}\bar\xi^2 + \frac{p_2 u}{2}(-2\bar\xi + \bar\xi^2) - \frac{p_3 u}{3}\bar\xi^3,$$

$$B = -\frac{p_0 u^2}{2}\bar\xi^2 - \frac{p_1 u^2}{6}\bar\xi^3 + \frac{p_2 u^2}{6}(-3\bar\xi^2 + \bar\xi^3) - \frac{p_3 u^2}{12}\bar\xi^4;$$

zwischen l und r gilt:

$Q = -A_r, \quad B = A_r\, s \cdot \xi';$

rechts von r gilt:

$Q = 0, \quad B = 0.$

Sonderfall:

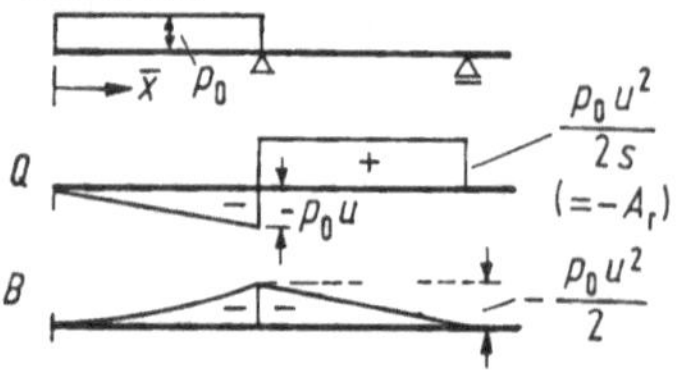

c)

$$A_l = -\frac{p_0 v}{2}\cdot\frac{v}{s} - \frac{p_1 v}{6}\cdot\frac{v}{s} - \frac{p_2 v}{3}\cdot\frac{v}{s} - \frac{p_3 v}{12}\cdot\frac{v}{s},$$

$$A_r = \frac{p_0 v}{2}\left(2 + \frac{v}{s}\right) + \frac{p_1 v}{6}\left(3 + \frac{v}{s}\right) + \frac{p_2 v}{6}\left(3 + 2\frac{v}{s}\right) + \frac{p_3 v}{12}\left(4 + \frac{v}{s}\right).$$

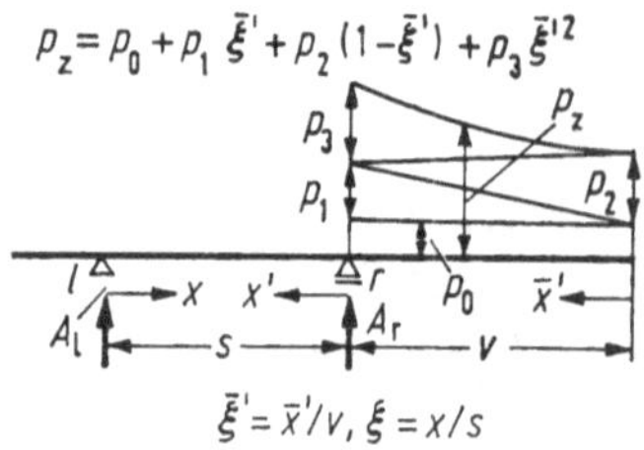

Rechts von r gilt:

$$Q = p_0 v\,\bar\xi' + \frac{p_1 v}{2}\bar\xi'^2 - \frac{p_2 v}{2}(-2\bar\xi' + \bar\xi'^2) - \frac{p_3 v}{3}\bar\xi'^3$$

$$B = -\frac{p_0 v^2}{2}\bar\xi'^2 - \frac{p_1 v^2}{6}\bar\xi'^3 + \frac{p_2 v^2}{6}(-3\bar\xi'^2 + \bar\xi'^3) - \frac{p_3 v^2}{12}\bar\xi'^4$$

Sonderfall:

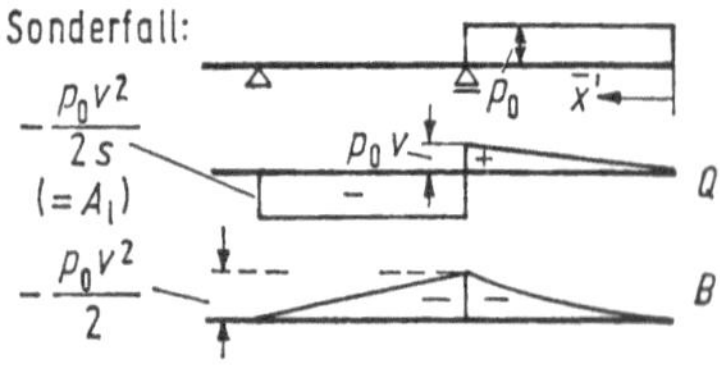

zwischen l und r gilt: $Q = A_l$, $B = A_l s \cdot \xi$;
links von l gilt: $Q = 0$, $B = 0$.

Tafel 5 b, c. Querkräfte Biegemomente

In den Rekursionsformeln 64 wird zunächst jeweils das erste Glied der rechten Seite auf die linke Seite gebracht, so daß dort Schnittlasten-Differenzen wie in Gleichung 63 erscheinen. An die Stelle dieser Differenzen treten dann die Schnittlasten-Differentiale dS, dQ_y, . . ., und an die Stelle der Abszissen-Differenzen $\bar{x}_{i-1} - \bar{x}_i$ treten Differentiale $d\bar{x}$. An die Stelle von $Q_{y(i,i+1)}$ bzw. $Q_{z(i,i+1)}$ tritt $Q_y(\bar{x})$ bzw. $Q_z(\bar{x})$. Damit ergeben sich Differentialgleichungen 1. Ordnung (s. Tafel 3), deren Gesetzmäßigkeit jedoch an den Stellen l und r wegen der dort eingeleiteten Fessellasten unterbrochen ist.

An die Stelle der Gleichungen 66 treten Differentialgleichungen 2. Ordnung (s. Tafel 3).

Einige gebrauchsfertige Formeln, die sich für naheliegende Belastungsfälle aus den so gewonnenen Integralausdrücken und Differentialgleichungen ergeben, sind in Tafel 5a bis c zusammengestellt. Gebrauchsfertige Formeln für weitere Belastungsfälle enthalten die einschlägigen Hand- und Taschenbücher.

β) Einflußlinien

Zur Ermittlung der Einflußlinien der Schnittlasten bei j ist analog dem in Abschnitt III B 1 bβ Dargelegten der Sonderfall einer wandernden Einzellast zu betrachten, die sich momentan an der beliebigen Stelle m der Systemlinie befindet (s. Abb. 35). Dabei ist zu beachten, ob die wandernde Last momentan auf dem linken oder auf dem rechten Teilstab steht.

Ausdrücke für die zu jeder Laststellung gehörenden Schnittlasten ergeben sich aus Gleichgewichtsbetrachtungen am linken oder am rechten Teilstab, wie sie zu den Gleichungen 61, 62 führten. Natürlich können die sich ergebenden Ausdrücke auch unmittelbar aus diesen Gleichungen entnommen werden.

So ergeben sich z. B. aus der Betrachtung einer wandernden Einzelkraft $P_z = 1$ die folgenden Ausdrücke $Q_{z(j);m}$, $B_{y(j);m}$, deren Darstellung lt. Abb. 35 die gesuchten „Einflußlinien der Querkraft und des Biegemomentes an der Stelle j zu Kräften P_z“ wiedergeben. Je nach bequemster Darstellungsmöglichkeit werden dabei teils die Abszissen $\mathfrak{x}$, $\mathfrak{x}'$, x_j, x_j', teils die Abszissen $\bar{\mathfrak{x}}$, $\bar{\mathfrak{x}}'$, $\bar{x}_j$, $\bar{x}_j'$ verwendet (s. Abb. 32a).

Einflußlinien der Schnittlasten an einer Stelle j zwischen l und r (s. Abb. 35a)

Wenn $\mathfrak{x} < x_j$[24]: | wenn $\mathfrak{x} > x_j$[25]:

$$Q_{z(j);m} = -A_{z(r);m} \quad \text{bzw.} \quad = A_{z(l);m}, \tag{67a}$$

$$B_{y(j);m} = A_{z(r);m}\, x'_j \quad \text{bzw.} \quad = A_{z(l);m}\, x_j. \tag{67b}$$

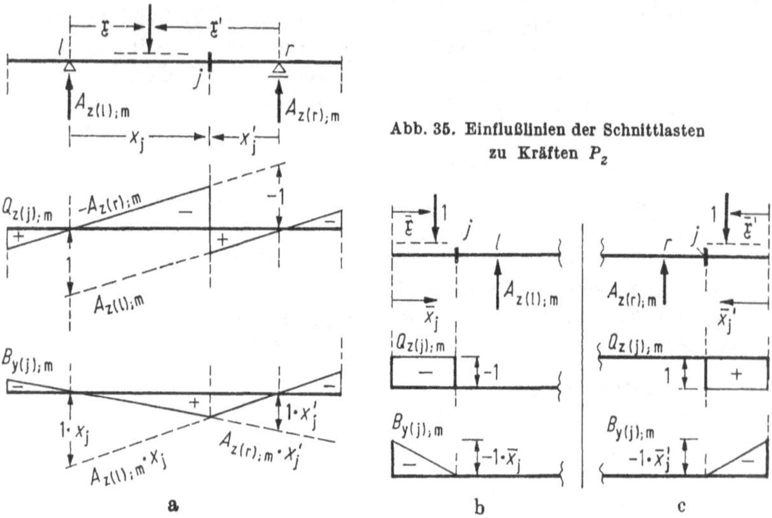

Abb. 35. Einflußlinien der Schnittlasten zu Kräften P_z

Diese Einflußlinien ergeben sich also aus Abschnitten der Einflußlinien $A_{z(r);m}$ und $A_{z(l);m}$ (s. Abb. 31a), indem deren Ordinaten mit -1 bzw. $+1$, mit x_j bzw. x'_j multipliziert werden (s. die Eintragungen in Abb. 35a).

Einflußlinien der Schnittlasten an einer Stelle j auf dem linken „Kragarm" (s. Abb. 35b)

Wenn $\bar{\mathfrak{x}} < \bar{x}_j$[26]: | wenn $\bar{\mathfrak{x}} > \bar{x}_j$[26]:

$$Q_{z(j);m} = -1 \quad \text{bzw.} \quad = 0, \tag{68a}$$

$$B_{y(j);m} = -1 \cdot (\bar{x}_j - \bar{\mathfrak{x}}) \quad \text{bzw.} \quad = 0. \tag{68b}$$

[24] Wandernde Kraft links von j; s. die Gleichungen 62c bzw. e für den Teilstab rechts von j.

[25] Wandernde Kraft rechts von j; s. die Gleichungen 61c bzw. e für den Teilstab links von j.

[26] Siehe die Gleichungen 61c bzw. e für den Teilstab links von j.

Einflußlinien der Schnittlasten an einer Stelle j auf dem rechten „Kragarm“ (s. Abb. 35c)

Wenn $\bar{\mathfrak{x}} < \bar{x}_j$, ($\bar{\mathfrak{x}}' > \bar{x}'_j$)[27]:	wenn $\bar{\mathfrak{x}} > \bar{x}_j$, ($\bar{\mathfrak{x}}' < \bar{x}'_j$)[27]:

$$Q_{z(j);m} = 0 \quad \text{bzw.} \quad = 1, \tag{69a}$$

$$B_{y(j);m} = 0 \quad \text{bzw.} \quad = -1 \cdot (\bar{x}'_j - \mathfrak{x}'). \tag{69b}$$

Zur Auswertung und Bedeutung dieser Einflußlinien gilt Gleiches, wie im Abschnitt III B 1 bβ ausgeführt.

Ähnlich können auch die Einflußlinien der Schnittlasten zu Kräften P_x, P_y sowie zu Momenten M_x, M_y, M_z ermittelt werden.

2. Andere Stäbe

a) Mittelbar belasteter Stab

Wirkt die Belastung an einem Stab „mittelbar“, d. h. an „Zwischenträgern“ $i^{\cdot\cdot}$, $i+1^{\cdot}$ nach Abb. 36, so bestehen die am Stab selbst angreifenden Lasten aus den Aktionskräften dieser Zwischenträger.

Wirkt z. B. eine Einzelkraft $P_z = 1$ an der Stelle m eines Zwischenträgers

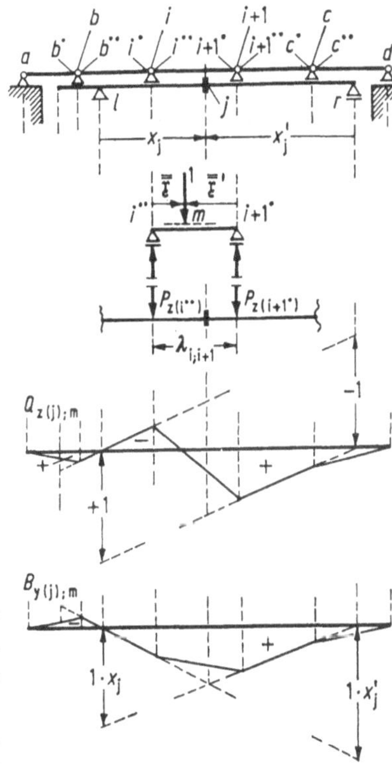

Abb. 36. Mittelbar belasteter Stab, Einflußlinien zu Kräften P_z

[27] Siehe die Gleichungen 62c bzw. e für den Teilstab rechts von j.

$i^{\cdot\cdot}$, $i + 1^{\cdot}$, so sind jene Aktionskräfte des Zwischenträgers (s. Abb. 36):

$$P_{z(i^{\cdot\cdot})} = \frac{1 \cdot \bar{\bar{\mathfrak{x}}}'}{\lambda_{i,i+1}}, \quad P_{z(i+1^{\cdot})} = \frac{1 \cdot \bar{\bar{\mathfrak{x}}}}{\lambda_{i,i+1}},$$

also linear abhängig von $\bar{\bar{\mathfrak{x}}}'$ und $\bar{\bar{\mathfrak{x}}}$. Folglich ändern sich die durch $P_z = 1$ hervorgerufenen Fessel- und Schnittlasten des Stabes geradlinig, wenn $P_z = 1$ über den Zwischenträger $i^{\cdot\cdot}, i + 1^{\cdot}$ wandert, d. h.: Die Einflußlinien der Fessel- und Schnittlasten eines mittelbar belasteten Stabes verlaufen geradlinig[28] zwischen den Anschlußpunkten $i^{\cdot\cdot}$ und $i + 1^{\cdot}$ des Zwischenträgers (s. Abb. 36).

Entsprechendes gilt, wenn die Belastung über einen „Schleppträger“ $a, b^{\cdot}$ oder $c^{\cdot\cdot}, d$ lt. Abb. 36 auf den Stab ausgeübt wird.

b) Gerber-Träger

Sind, wie in Abb. 37a angedeutet, an einem Elementarstab weitere Stäbe gelenkig angeschlossen, so können diese nach Abb. 37b als Schleppträger aufgefaßt werden. Die Einflußlinien einer solchen Konstruktion ergeben sich durch — nötigenfalls wiederholte — Anwendung des voranstehend Ausgeführten. Formeln für die Fessel- und Schnittlasten solcher Konstruktionen, sog. Gerber-Träger, lassen sich dann bedarfsweise leicht aus den gewonnenen Einflußlinien ablesen: Die Ordinaten η an irgendeiner Stelle werden mittels des Strahlensatzes durch die bei l, r usw. angeschriebenen Größen (s. Abb. 37c, d, e) ausgedrückt.

c) Stab mit schräger Fessel

Liegt an der Anschlußstelle r die eine Fessel parallel y, die andere dagegen schräg in der Ebene zx (s. Abb. 24), so ergibt sich für die Einflußlinien der F e s s e l k r ä f t e zu Kräften P_z nach Abschnitt II G 2b:

$$A_{z(l);m} = 1 \cdot \frac{\mathfrak{x}'}{s},$$

---

[28] Nicht bei Einzelmomenten $M^{!}$.

gedachte Fesselkraft

$$A_{z(r);m} = A_{z(5);m} = 1 \cdot \frac{\mathfrak{x}}{s},$$

$$P^F_{5;m} = -1 \cdot \frac{\mathfrak{x}}{s} \cdot \frac{1}{e_{z(5)}},$$

gedachte Fesselkraft

$$A_{x(r);m} = A_{x(5);m} = -P^F_{5;m} e_{x(5)} = 1 \cdot \frac{\mathfrak{x}}{s} \frac{e_{x(5)}}{e_{z(5)}},$$

$$A_{x(l);m} = -A_{x(r);m} + 0 = -1 \cdot \frac{\mathfrak{x}}{s} \cdot \frac{e_{x(5)}}{e_{z(5)}}.$$

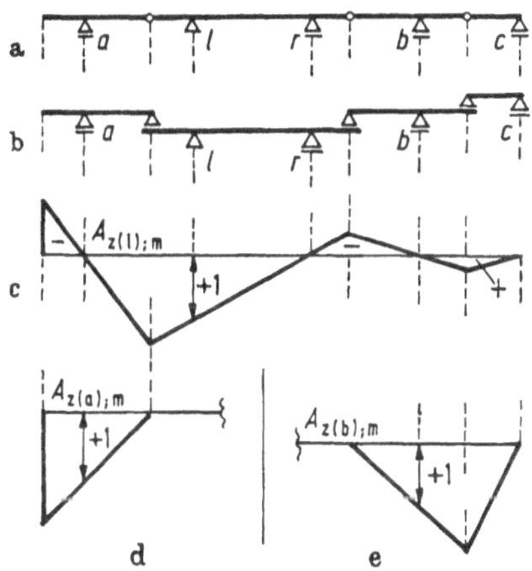

Abb. 37. Gerber-Träger, Einflußlinien zu Kräften P_z

Für die Einflußlinien der Schnittlasten an einer Stelle j zwischen l und r zu Kräften P_z gilt folgendes:

$S_{(j);m} = A_{x(l);m}$ (nach Gleichung 61 a),

$Q_{z(j);m}$ s. Gleichung 67 a,

$B_{y(j);m}$ s. Gleichung 67 b.

d) Kragträger

Ein Stab sei nach Abb. 38 an einem Ende „eingespannt“ (vgl. Abb. 10): sog. „Krag-Träger“ oder „Krag-Balken“. Er kann als überkragender Arm eines Elementarstabes angesehen werden, d. h.: Je nachdem der Kragträger rechts oder links eingespannt ist, ergeben sich seine Fessellasten als (—1)-fache bzw. (+1)-fache Schnittlasten an der Stelle $l^{\cdot}$ bzw. $r^{\cdot\cdot}$ der überkragenden Arme dieses Elementarstabes; vgl. dazu die in Abb. 38a, b dargestellten Einflußlinien mit den in Abb. 35b, c dargestellten.

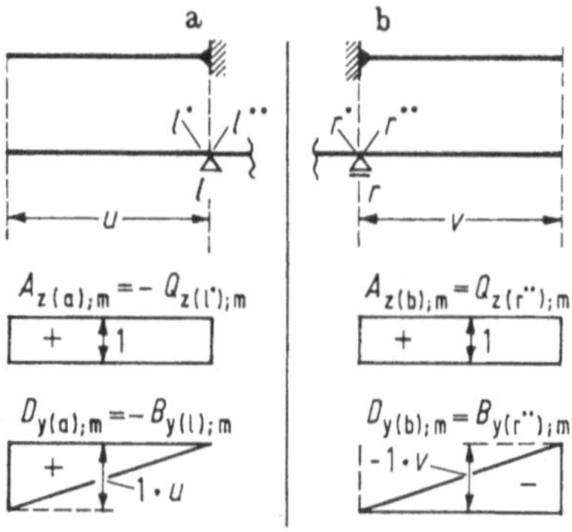

Abb. 38. Kragträger, Einflußlinien zu Kräften P_z

Für die am entfesselten Kragträger vorzunehmende Berechnung der Schnittlasten gilt Gleiches wie für die Berechnung der Schnittlasten am entfesselten Elementarstab.

C. Krummer Stab

1. Krummer Elementarstab

a) Vorbemerkungen

Die Systemlinie des Stabes (s. Abb. 39) sei eine beliebige Kurve oder auch ein (offenes) Polygon (Stabzug). Die Hauptträgheitsachsen der Stab-Querschnittsflächen seien beliebig gerichtet. — Näheres über die Fesselung und über das Koordinatensystem x bzw. x', y, z ist aus Abb. 39 ersichtlich. — Da bei krummen Stäben die zur Koordinatenrichtung z parallelen Ordinaten, die „Höhen", gewöhnlich entgegen $+z$ als positiv angesehen werden, wird noch eingeführt: $h = -z$.

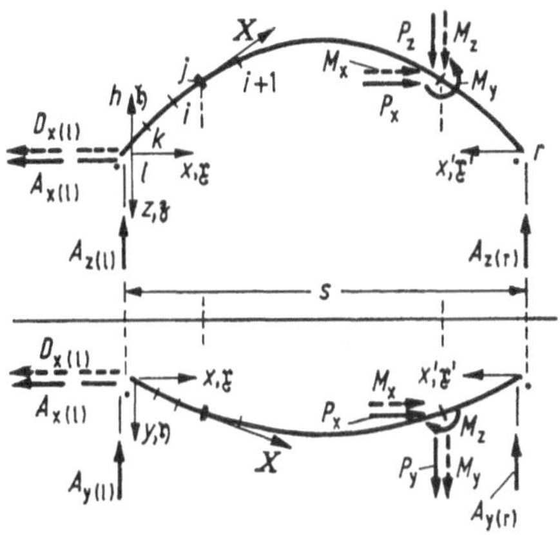

Abb. 39. Krummer Elementarstab

Wenn ausgesprochen werden soll, daß eine Stelle der Systemlinie eine Last-Angriffsstelle ist, werden ihre Koordinaten mit $\mathfrak{x}$ bzw. $\mathfrak{x}'$, $\mathfrak{y}$, $\mathfrak{z}$ bzw. $\mathfrak{h}(= -\mathfrak{z})$ bezeichnet (s. Abb. 39).

An einer Stelle j liegen die örtlichen Achsen X, Y, Z (s. Abb. 28c) mit den Einheitsvektoren $\mathfrak{e}^*$, $\mathfrak{e}^{**}$, $\mathfrak{e}^{***}$ beispielsweise fest, wenn außer den Koordinaten x_j, y_j, z_j der Stelle j noch die Koordinaten x_a, y_a, z_a eines Punktes a auf der Systemlinien-Tangente (X), ferner die Koordinaten x_b, y_b, z_b eines Punktes b in der Ebene XY bekannt sind.

Liegt z. B. der Punkt a (s. Abb. 28c) auf dem positiven Ast von X und der Punkt b im positiven Quadranten der Ebene XY, so gilt für die nachher benötigten Komponenten der Einheitsvektoren $\mathfrak{e}^*$, $\mathfrak{e}^{**}$, $\mathfrak{e}^{***}$ bezüglich x, y, z folgendes:

Die Komponenten von $\mathfrak{e}^*$ sind:

$$e_x^* = \frac{x_a - x_j}{\lambda}, \quad e_y^* = \frac{y_a - y_j}{\lambda}, \quad e_z^* = \frac{z_a - z_j}{\lambda}, \tag{70}$$

wobei

$$\lambda = \left| \sqrt{(x_a - x_j)^2 + (y_a - y_j)^2 + (z_a - z_j)^2} \right|$$

Strecke ja ist.

Praktisch genügt es i. a., als Punkt a einen dem Punkt j nahe benachbarten Punkt auf der Systemlinie selbst — statt auf der Systemlinien-Tangente — zu wählen.

Mit j und b ist ein von j nach b weisender Vektor $\mathfrak{r}$ in der Ebene XY gegeben: Komponenten: $r_x = x_b - x_j$, $r_y = y_b - y_j$, $r_z = z_b - z_j$.

Indem aus $\mathfrak{e}^*$ und $\mathfrak{r}$ das Vektorprodukt $[\mathfrak{e}^* \mathfrak{r}]$ gebildet wird, ergibt sich ein neuer Vektor vom Absolutbetrag $\mu = |\,[\mathfrak{e}^* \mathfrak{r}]\,|$, parallel und gleichsinnig $\mathfrak{e}^{***}$. Somit gilt:

$$\mathfrak{e}^{***} = \frac{1}{\mu} [\mathfrak{e}^* \mathfrak{r}],$$

d. h.:

$$\begin{gathered} e_x^{***} = \frac{1}{\mu}(e_y^* r_z - e_z^* r_y), \quad e_y^{***} = \frac{1}{\mu}(e_z^* r_x - e_x^* r_z), \\ e_z^{***} = \frac{1}{\mu}(e_x^* r_y - e_y^* r_x) \end{gathered} \tag{71}$$

mit $\mu = \left| \sqrt{(e_y^* r_z - e_z^* r_y)^2 + (e_z^* r_x - e_x^* r_z)^2 + (e_x^* r_y - e_y^* r_x)^2} \right|$.

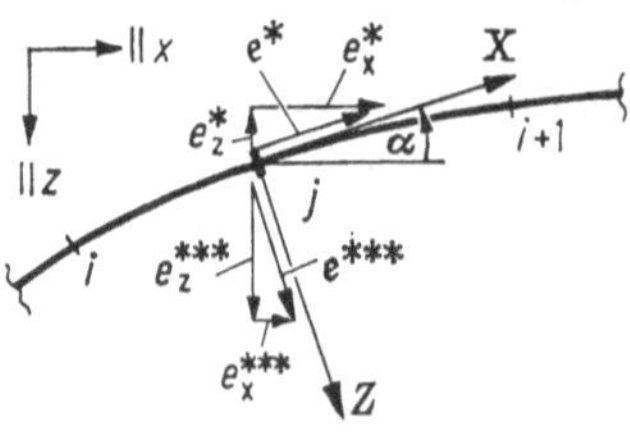

Abb. 40. Ebener krummer Elementarstab, Einheitsvektoren

Schließlich gilt:

$$\mathfrak{e}^{**} = [\mathfrak{e}^{***} \mathfrak{e}^*],$$

d. h.:

$$\begin{aligned} e_x^{**} &= e_y^{***} e_z^* - e_z^{***} e_y^*, \\ e_y^{**} &= e_z^{***} e_x^* - e_x^{***} e_z^*, \\ e_z^{**} &= e_x^{***} e_y^* - e_y^{***} e_x^*. \end{aligned} \tag{72}$$

Diese Beziehungen vereinfachen sich im Sonderfall, daß die Ebene ZX parallel der Ebene zx ist (s. Abb. 40); dann gilt

$$e_y^* = e_x^{**} = e_z^{**} = e_y^{***} = 0, \quad e_y^{**} = 1,$$

und es kann geschrieben werden:

$$\begin{aligned} e_x^* &= \cos\alpha, & e_z^* &= -\sin\alpha, \\ e_x^{***} &= \sin\alpha, & e_z^{***} &= \cos\alpha \end{aligned} \tag{73}$$

(Winkel α positiv im Drehsinn zx).

b) Fessellasten

α) Allgemeine Beziehungen

Die Fessellasten ergeben sich aus den Formeln **44**:

$$A_{x(l)} = \sum_k P_{x(k)}, \tag{74a}$$

$$A_{y(l)} = \frac{1}{s} \sum_k \{P_{x(k)} \mathfrak{y}_k + P_{y(k)} \mathfrak{x}'_k - M_{z(k)}\}, \tag{74b}$$

$$A_{z(l)} = \frac{1}{s} \sum_k \{- P_{x(k)} \mathfrak{h}_k + P_{z(k)} \mathfrak{x}'_k + M_{y(k)}\}, \tag{74c}$$

$$A_{y(r)} = \frac{1}{s} \sum_k \{- P_{x(k)} \mathfrak{y}_k + P_{y(k)} \mathfrak{x}_k + M_{z(k)}\}, \tag{74d}$$

$$A_{z(r)} = \frac{1}{s} \sum_k \{P_{x(k)} \mathfrak{h}_k + P_{z(k)} \mathfrak{x}_k - M_{y(k)}\}, \tag{74e}$$

$$D_{x(l)} = \sum_k \{P_{y(k)} \mathfrak{h}_k + P_{z(k)} \mathfrak{y}_k + M_{x(k)}\}, \tag{74f}$$

$\sum_k$ erstreckt über die eingeprägten Lasten.

β) Einflußlinien

Die Einflußlinien der Fessellasten ergeben sich analog dem in Abschnitt III B 1 bβ Dargelegten aus der Betrachtung des Belastungszustandes „wandernde Einzellast, momentan an der Stelle m der Systemlinie". So ergibt sich z. B. für die Einflußlinien der Auflagerkräfte zu Kräften P_z (Einfluß der wandernden Kraft $P_z = 1$):

$$A_{x(l);m} = 0, \qquad A_{y(l);m} = 0, \tag{75a, b}$$

$$A_{z(l);m} = 1 \cdot \frac{\mathfrak{x}'}{s}, \tag{75c}$$

$$A_{y(r);m} = 0, \qquad A_{z(r);m} = 1 \cdot \frac{\mathfrak{x}}{s} \tag{75d, e}$$

(wie am geraden Stab, s. Abb. 31), ferner:

$$D_{x(l);m} = 1 \cdot \mathfrak{y}(\mathfrak{x}), \tag{75f}$$

d. h.: Die Einflußlinie $D_{x(l);m}$ ist gleich der Grundrißprojektion der Systemlinie (s. Abb. 39).

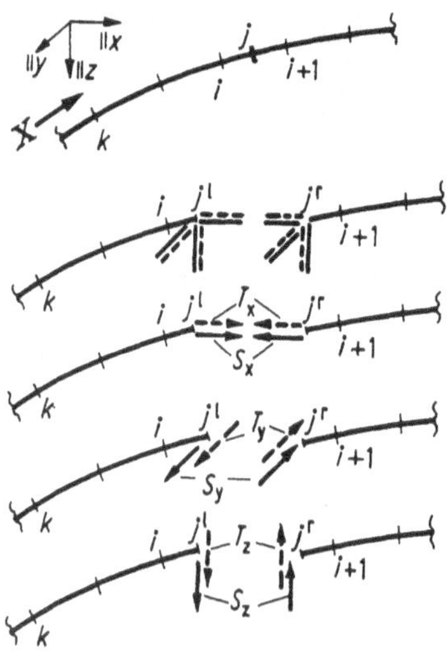

Abb. 41
Hilfsgrößen S_x S_y S_z und T_x T_y T_z.

c) Schnittlasten

α) Allgemeine Beziehungen

Gesucht werden die Schnittlasten S, Q^{**}, Q^{***}, T, B^{**} B^{***} lt. Abschnitt III A 2 an einer Stelle j zwischen zwei Last-Angriffsstellen i und $i+1$.

Vorbereitend wird zunächst angenommen, die inneren Fesseln zwischen den beiden Stababschnitten links und rechts von j seien parallel den Koordinaten x, y, z (s. Abb. 41). Die zu solchen inneren Fesseln gehörenden Schnittlasten werden als „Hilfsgrößen" S_x, S_y, S_z, T_x, T_y, T_z bezeichnet. Analog dem in Abschnitt III B 1 cα Ausgeführten ergeben sich zu ihrer Berechnung folgende Summenformeln und Rekursionsformeln.

Summenformeln am Teilstab links von j:

$$S_{x(j)} = -\Sigma_l P_x, \tag{76a}$$

$$S_{y(j)} = -\Sigma_l P_y, \tag{76b}$$

$$S_{z(j)} = -\Sigma_l P_z, \tag{76c}$$

$$T_{x(j)} = -\Sigma_l \{-P_y(h_j - \mathfrak{h}) - P_z(y_j - \mathfrak{y}) + M_x\}, \tag{76d}$$

$$T_{y(j)} = -\Sigma_l \{P_x(h_j - \mathfrak{h}) + P_z(x_j - \mathfrak{x}) + M_y\}, \tag{76e}$$

$$T_{z(j)} = -\Sigma_l \{P_x(y_j - \mathfrak{y}) - P_y(x_j - \mathfrak{x}) + M_z\}, \tag{76f}$$

Σ_l erstreckt über die äußeren Lasten an den Stellen 0 bis i des Teilstabes links[29] von j (einschließlich derjenigen, die aus Fesseln im Bereich 0 bis i herrühren).

Summenformeln am Teilstab rechts von j:

$$S_{x(j)} = \Sigma_r P_x, \tag{77a}$$

$$S_{y(j)} = \Sigma_r P_y, \tag{77b}$$

$$S_{z(j)} = \Sigma_r P_z, \tag{77c}$$

$$T_{x(j)} = \Sigma_r \{-P_y(h_j - \mathfrak{h}) - P_z(y_j - \mathfrak{y}) + M_x\}, \tag{77d}$$

$$T_{y(j)} = \Sigma_r \{P_x(h_j - \mathfrak{h}) - P_z(x'_j - \mathfrak{x}') + M_y\}, \tag{77e}$$

$$T_{z(j)} = \Sigma_r \{P_x(y_j - \mathfrak{y}) + P_y(x'_j - \mathfrak{x}') + M_z\}, \tag{77f}$$

Σ_r erstreckt über die äußeren Lasten an den Stellen $i+1$ bis n des Teilstabes rechts von j (einschließlich derjenigen, die aus Fesseln im Bereich $i+1$ bis n herrühren).

Rekursionsformeln[30]:

$$S_{x(i,i+1)} = S_{x(i-1,i)} - P_{x(i)}, \tag{78a}$$

$$S_{y(i,i+1)} = S_{y(i-1,i)} - P_{y(i)}, \tag{78b}$$

$$S_{z(i,i+1)} = S_{z(i-1,i)} - P_{z(i)}. \tag{78c}$$

$$T_{x(i\cdot\cdot)} = T_{x(i\cdot)} - M_{x(i)},$$

---

[29] Durch X gegeben.

[30] Oder Differenzengleichungen 1. Ordnung.

$$T_{x(i+1\cdot)} = T_{x(i\cdot)} - S_{y(i,i+1)}(h_{i+1} - h_i) - S_{z(i,i+1)}(y_{i+1} - y_i) - M_{x(i)}, \tag{78d}$$

$$T_{y(i\cdot\cdot)} = T_{y(i\cdot)} - M_{y(i)},$$

$$T_{y(i+1\cdot)} = T_{y(i\cdot)} + S_{x(i,i+1)}(h_{i+1} - h_i) + S_{z(i,i+1)}(x_{i+1} - x_i) - M_{y(i)}, \tag{78e}$$

$$T_{z(i\cdot\cdot)} = T_{z(i\cdot)} - M_{z(i)},$$

$$T_{z(i+1\cdot)} = T_{z(i\cdot)} + S_{x(i,i+1)}(y_{i+1} - y_i) - S_{y(i,i+1)}(x_{i+1} - x_i) - M_{z(i)}, \tag{78f}$$

$P_{x(i)}, \ldots M_{z(i)}$ = eingeprägte und ggf. aus Fesseln herrührende äußere Lasten an der Stelle i.

Damit auch der Verlauf der Hilfsgrößen T zwischen je zwei Stellen i und $i + 1$ als geradlinig angesehen werden kann, empfiehlt es sich, die Unterteilung der Systemlinie durch Punkte . . ., $i, i + 1, \ldots$ so eng zu wählen, daß jeder System-Abschnitt $i, i + 1$ als Gerade gelten kann: Auffassung des Stabes als „Stabzug“. — Stellen i, an denen dabei keine äußere Last wirkt, werden dann auch als Last-Angriffsstellen bezeichnet (nämlich als solche, an denen Lasten vom Betrage Null angreifen).

Mit den Hilfsgrößen S_x, S_y, S_z liegt die resultierende Schnittkraft $\mathfrak{S}$ fest (Komponenten S_x, S_y, S_z), desgl. mit den Hilfsgrößen T_x, T_y, T_z das resultierende Schnittmoment $\mathfrak{T}$ (Komponenten T_x, T_y, T_z); s. Abb. 28g.

Die in Wirklichkeit gesuchten Schnittlasten S, Q^{**}, Q^{***}, T, B^{**}, B^{***} lt. Abschnitt III A 2 sind die Komponenten von $\mathfrak{S}$ und $\mathfrak{T}$ bezüglich der Richtungen X, Y, Z mit den Einheitsvektoren $\mathfrak{e}^*$, $\mathfrak{e}^{**}$, $\mathfrak{e}^{***}$ (s. Abb. 28):

$$\begin{aligned}
S &= \mathfrak{S}\,\mathfrak{e}^* = S_x e_x^* + S_y e_y^* + S_z e_z^*,\\
Q^{**} &= \mathfrak{S}\,\mathfrak{e}^{**} = S_x e_x^{**} + S_y e_y^{**} + S_z e_z^{**},\\
Q^{***} &= \mathfrak{S}\,\mathfrak{e}^{***} = S_x e_x^{***} + S_y e_y^{***} + S_z e_z^{***},\\
T &= \mathfrak{T}\,\mathfrak{e}^* = T_x e_x^* + T_y e_y^* + T_z e_z^*,\\
B^{**} &= \mathfrak{T}\,\mathfrak{e}^{**} = T_x e_x^{**} + T_y e_y^{**} + T_z e_z^{**},\\
B^{***} &= \mathfrak{T}\,\mathfrak{e}^{***} = T_x e_x^{***} + T_y e_y^{***} + T_z e_z^{***}.
\end{aligned} \tag{79}$$

Diese „Transformationsformeln“ vereinfachen sich wesentlich, wenn es sich um einen Stab handelt, dessen Systemlinie nebst Achsen X und Z in der Ebene zx liegen und an dem nur Kräfte und Kräftepaare in dieser Ebene angreifen (P_x, P_z, M_y). In diesem Sonderfall des „ebenen, in seiner Ebene belasteten krummen Stabes“ gilt lt. Gleichung 73 (s. auch Abb. 40):

$$\begin{aligned} S &= S_x \cos\alpha - S_z \sin\alpha, \\ (Q^{***} \equiv)\ Q &= S_x \sin\alpha + S_z \cos\alpha, \\ (B^{**} \equiv)\ B &= T_y. \end{aligned} \tag{80}$$

Die übrigen Schnittlasten haben in diesem Sonderfall den Betrag Null.

β) Einflußlinien

Entsprechend Voranstehendem werden zunächst die Einflußlinien der Hilfsgrößen $S_x, \ldots T_z$ ermittelt. Aus der Betrachtung des Belastungszustandes „wandernde Einzellast, momentan an der Stelle m der Systemlinie“ (vgl. Abschnitt III B 1 cβ) folgt z. B. für eine Stelle j zwischen l und r:

Wenn $\mathfrak{x} < x_j$[31]: | wenn $\mathfrak{x} > x_j$[32]:

$$\begin{aligned} S_{x(j);m} &= 0 && \text{bzw.} = A_{x(l);m}, \\ S_{y(j);m} &= -A_{y(r);m} && \text{bzw.} = A_{y(l);m}, \\ S_{z(j);m} &= -A_{z(r);m} && \text{bzw.} = A_{z(l);m}, \\ T_{x(j);m} &= A_{y(r);m}\, h_j && \text{bzw.} = D_{x(l);m} - A_{y(l);m}\, h_j \\ &\quad + A_{z(r);m}\, y_j && \qquad - A_{z(l);m}\, y_j, \\ T_{y(j);m} &= A_{z(r);m}\, x_j' && \text{bzw.} = A_{x(l);m}\, h_j + A_{z(l);m}\, x_j, \\ T_{z(j);m} &= -A_{y(r);m}\, x_j' && \text{bzw.} = A_{x(l);m}\, y_j - A_{y(l);m}\, x_j. \end{aligned} \tag{81}$$

Die Einflußlinien der Hilfsgrößen $S_{x(j)}, \ldots T_{z(j)}$ ergeben sich also aus Abschnitten der Einflußlinien $A_{x(l);m}, \ldots$ (s. Abschn.

[31] Wandernde Last links von j; s. die Gleichungen 77 für den Teilstab rechts von j.

[32] Wandernde Last rechts von j; s. die Gleichungen 76 für den Teilstab links von j.

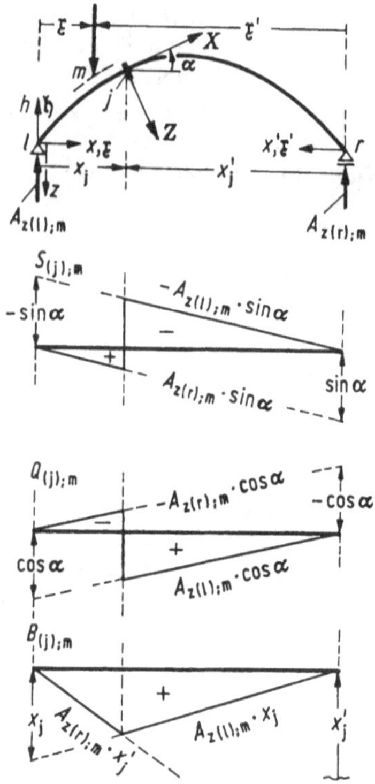

Abb. 42. Ebener krummer Elementarstab, Einflußlinien zu Kräften P_z

III C 1 bβ), indem deren Ordinaten mit $+1, -1, x_j, x_j', y_j, h_j$ multipliziert und, wie die Gleichungen 81 zeigen, zueinander addiert werden.

Handelt es sich um die Einflußlinien zu Kräften P_z, so ist $A_{x(l);m} = 0$, also:

$$S_{x(j);m} = 0,$$

auch im Bereich $\mathfrak{x} > x_j$.

Die Einflußlinien $S_{z(j);m}$ und $T_{y(l)j;m}$ sind in diesem Falle gleich den in Abb. 35 wiedergegebenen Einflußlinien $Q_{z(j);m}$ und $B_{y(j);m}$ des geraden Elementarstabes.

Mit den Einflußlinien der Hilfsgrößen $S_{x(j)}, \ldots T_{z(j)}$ ergeben sich die letztlich gesuchten Einflußlinien der Schnittlasten

$$S_{(j)}, Q_{(j)}^{**}, \ldots B_{(j)}^{***}$$

nach den Transformationsformeln 79 bzw. 80:

$$S_{(j);m} = S_{x(j);m}\, e_{x(j)}^{*} + S_{y(j);m}\, e_{y(j)}^{*} + S_{z(j);m}\, e_{z(j)}^{*} \quad \text{usw.,} \tag{82}$$

z. B. im Sonderfall des ebenen, in seiner Ebene belasteten krummen Stabes (siehe die Transformationsformeln 80 und Abb. 42)[33]:

$$\begin{aligned} S_{(j);m} &= S_{x(j);m} \cos\alpha_j - S_{z(j);m} \sin\alpha_j, \\ Q_{(j);m} &= S_{x(j);m} \sin\alpha_j + S_{z(j);m} \cos\alpha_j, \\ B_{(j);m} &= T_{y(j);m}. \end{aligned} \tag{83}$$

[33] Der Leser versuche, die in Abb. 42 eingetragenen Ausdrücke für die einzelnen Abschnitte der Einflußlinien auch unmittelbar aus der Abb. 42 abzulesen.

2. *Dreigelenkbogen*

a) Vorbemerkungen

Wird an dem nach Abb. 39 gefesselten Stab noch eine Wegfessel parallel x an der Stelle r angebracht (s. Abb. 43), so reichen die 6 Gleichgewichtsbedingungen lt. Abschnitt II D nicht mehr zur Berechnung der nunmehr 7 Fessellasten aus. Wird jedoch, wie es bei einem so gefesselten Stab häufig geschieht, an einer Stelle g der Systemlinie ein Zylindergelenk eingefügt, dessen Achse parallel einem Einheitsvektor $\mathfrak{e}_g$ sei, so tritt zu den 6 Gleichgewichtsbedingungen noch eine (7.) Aussage hinzu, nämlich folgende „Nebenbedingung“:

„Die zu $\mathfrak{e}_g$ parallele Komponente des resultierenden Schnittmomentes $\mathfrak{T}_g$ an der Stelle g muß gleich Null sein“,

$$\mathfrak{T}_g \mathfrak{e}_g = 0. \tag{84}$$

Damit liegen 7 Gleichungen zur Berechnung der 7 Fessellasten vor, d. h.: Auch diese Konstruktion ist statisch bestimmt. — Sie wird „Dreigelenkbogen“ (bzw. „Dreigelenkrahmen“) genannt.

b) Fessellasten

α) Allgemeine Beziehungen

Zur Berechnung der Fessellasten des Dreigelenkbogens werden wieder alle Fesseln zerschnitten. Zur Anwendung der Gleichgewichtsbedingungen auf die verbleibende (nicht mehr in sich starre) Konstruktion wird wieder auf die Gleichungen 44 zurückgegriffen. Ähnlich wie schon in Abschnitt II G 2b tritt jedoch an die Stelle von Gleichung 44a (Gleichung „P_x“) die Gleichung 46:

$$-A_{x(l)} - A_{x(r)} + \sum_k P_{x(k)} = 0, \tag{85}$$

$\sum_k$ erstreckt über alle eingeprägten Kräfte $P_{x(k)}$.

Die Gleichungen 44b, ... f ergeben für die Fessellasten $A_{y(l)}$, $A_{z(l)}$, $A_{y(r)}$, $A_{z(r)}$, $D_{x(l)}$ wieder die Gleichungen 74b, ... f.

Die Nebenbedingung 84, in Komponenten geschrieben, lautet:

$$T_{x(g)} e_{x(g)} + T_{y(g)} e_{y(g)} + T_{z(g)} e_{z(g)} = 0; \qquad (86)$$

Ausdrücke zur Berechnung der darin enthaltenen Komponenten $T_{x(g)}$, $T_{y(g)}$, $T_{z(g)}$ (Hilfsgrößen lt. Abschnitt III C 1 cα) ergeben sich aus den Gleichungen 76d, e, f, indem dort der Zeiger j durch den Zeiger g ersetzt wird. In diesen Ausdrücken (Summen Σ_l) ist jetzt aber die Fesselkraft $A_{x(l)}$ als einstweilen unbekannte Größe enthalten! — Indem diese Ausdrücke für $T_{x(g)}$, $T_{y(g)}$, $T_{z(g)}$ in die Nebenbedingung 86 eingesetzt werden, ergibt sich eine Gleichung zur Berechnung von $A_{x(l)}$. Anschließend ergibt sich $A_{x(r)}$ aus Gleichung 85.

Es ist üblich, für die Fesselkräfte parallel x das Zeichen H („Horizontalschub") zu verwenden und dabei den Zahlenwert von $H_{(l)}$ bzw. $H_{(r)}$ als positiv zu betrachten, wenn die Fesselkraft bei l nach rechts, die bei r nach links weist (s. Abb. 43a). Dann gilt

$$H_{(l)} = -A_{x(l)}; \quad H_{(r)} = A_{x(r)}. \qquad (87)$$

Diese Beziehungen vereinfachen sich erheblich im Sonderfall eines ebenen, in seiner Ebene belasteten Dreigelenkbogens, bei dem die Achse des Gelenkes g (Koordinaten x_g, h_g) senkrecht zur Bogenebene steht. Für diesen Sonderfall (s. Abb. 43a) ergibt sich nach dem Voranstehenden

$$A_{z(l)} \text{ lt. Gleichung 74c}; \qquad (88\text{a})$$

$$A_{z(r)} \text{ lt. Gleichung 74e}; \qquad (88\text{b})$$

ferner (Nebenbedingungen 86 und Gleichung 76e für $T_{y(g)}$):

$$H_{(l)} = -A_{x(l)} = A_{z(l)} \frac{x_g}{h_g} - \frac{1}{h_g} \Sigma_{gl} \{P_{x(k)} (h_g - \mathfrak{h}_k) + P_{z(k)} (x_g - \mathfrak{x}_k) + M_{y(k)}\}, \qquad (88\text{c})$$

Σ_{gl} erstreckt über die eingeprägten Lasten am Stababschnitt links von g;

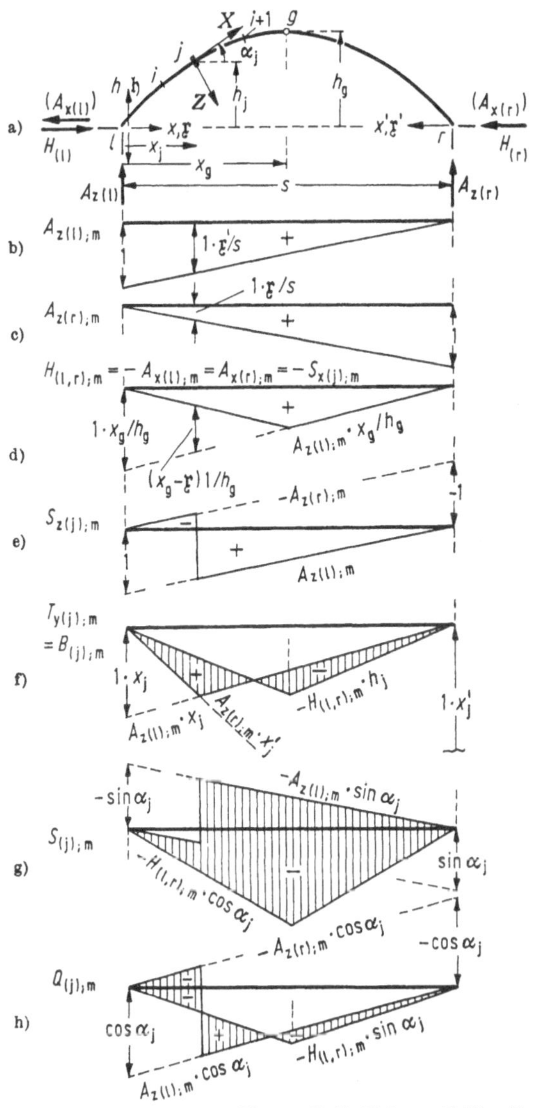

Abb. 43. Ebener Dreigelenkbogen, Einflußlinien zu Kräften P_z

schließlich nach Gleichung 85:

oder

$$A_{x(r)} = -A_{x(l)} + \sum_k P_{x(k)}$$

$$H_{(r)} = H_{(l)} + \sum_k P_{x(k)}, \tag{88d}$$

$\sum_k$ erstreckt über die dem Dreigelenkbogen eingeprägten Kräfte $P_{x(k)}$.

β) Einflußlinien

Die Einflußlinien der Fessellasten ergeben sich wieder aus der Betrachtung des Belastungszustandes „wandernde Einzellast, momentan an der Stelle m der Systemlinie".

So ergeben sich z. B. im Sonderfall des ebenen, in seiner Ebene belasteten Dreigelenkbogens, bei dem die Achse des Gelenkes g senkrecht zur Bogenebene steht, die folgenden Ausdrücke für die Einflußlinien der Fessellasten zu Kräften P_z (Einfluß der wandernden Kraft $P_z = 1$; s. die Gleichungen 88 und Abb. 43b, c, d):

$$A_{z(l);m} = 1 \cdot \frac{\mathfrak{x}'}{s}; \quad A_{z(r);m} = 1 \cdot \frac{\mathfrak{x}}{s}; \tag{89a, b}$$

ferner

im Bereich $\mathfrak{x} < x_g$[34]:	im Bereich $\mathfrak{x} > x_g$[35]:
$H_{(l);m} = -A_{x(l);m}$ bzw.	$= A_{z(l);m} \dfrac{x_g}{h_g}$;
$= A_{z(l);m} \dfrac{x_g}{h_g} - (x_g - \mathfrak{x}) \dfrac{1}{h_g}$	

schließlich

oder

$$A_{x(r);m} = -A_{x(l);m}$$

$$H_{r;m} = H_{l;m}. \tag{89d}$$

Für $H_{r;m}$ und $H_{l;m}$ kann hier also zusammenfassend geschrieben werden: $H_{lr;m}$ (s. Abb. 43d).

[34] Wandernde Kraft links von g; P_z (= 1) geht in Σ_{gl} (Gleichung 88c) ein.

[35] Wandernde Kraft rechts von g; P_z (= 1) geht in Σ_{gl} (Gleichung 88c) nicht ein.

c) Schnittlasten

α) Allgemeine Beziehungen

Für die Schnittlasten an einer Stelle j gelten die Transformationsformeln 79 bzw. 80; für die darin enthaltenen, zuerst auszurechnenden Hilfsgrößen $S_{x(j)}, \ldots T_{x(j)}, \ldots$ gelten die Gleichungen 76, 77 oder 78 (darin eingehende Fessellasten: s. die Gleichungen 88a, ... d).

β) Einflußlinien

Die Einflußlinien der Schnittlasten an einer Stelle j (Abszissen x_j, x'_j) ergeben sich wieder aus der Betrachtung des Belastungszustandes „wandernde Einzellast, momentan an der Stelle m der Systemlinie".

Beispielsweise ergeben sich im Sonderfall des ebenen, in seiner Ebene belasteten Dreigelenkbogens, bei dem die Achse des Gelenkes g senkrecht zur Bogenebene steht, wieder die Gleichungen 83:

$$S_{(j);m} = S_{x(j);m} \cos \alpha_j - S_{z(j);m} \sin \alpha_j,$$

$$Q_{(j);m} = S_{x(j);m} \sin \alpha_j + S_{z(j);m} \cos \alpha_j,$$

$$B_{(j);m} = T_{y(j);m}$$

mit $S_{x(j);m}$, $S_{z(j);m}$, $T_{y(j);m}$ nach folgendem:

im Bereich $\mathfrak{x} < x_j$[36]:		im Bereich $\mathfrak{x} > x_j$[37]:
$S_{x(j);m} = -H_{r;m}$	bzw.	$= -H_{l;m}$,
$S_{z(j);m} = -A_{z(r);m}$	bzw.	$= A_{z(l);m}$,
$T_{y(j);m} = -H_{r;m} h_j + A_{z(r);m} x'_j$	bzw.	$= -H_{l;m} h_j + A_{z(l);m} x_j$.

Handelt es sich speziell um die Einflußlinien zu Kräften P_z (Einfluß der wandernden Kraft $P_z = 1$), so gelten für die eingehenden Größen $H_{l;m}$, $H_{r;m}$, $A_{z(l);m}$, $A_{z(r);m}$ die Glei-

[36] Wandernde Last links von j; s. die Gleichungen 77a, c, e für den Teilstab rechts von j.

[37] Wandernde Last rechts von j; s. die Gleichungen 76a, c, e für den Teilstab links von j.

chungen 89 (s. auch Abb. 43b, c, d). — Alles Weitere ist aus den Darstellungen der Einflußlinien $S_{(j);m}$, $Q_{(j);m}$, $B_{(j);m}$ in Abb. 43g, h, f zu ersehen[38].

3. Andere Stäbe

Wirkt die Belastung an einem krummen Stab „mittelbar“ (s. Abb. 51) oder sind an einem solchen Stab weitere Stäbe gelenkig angeschlossen (ähnlich wie am geraden Elementarstab in Abb. 37), so gilt Entsprechendes, wie in den Abschnitten III B 2 a und b zum geraden Elementarstab dargelegt. Handelt es sich um einen (krummen) Stab mit einer schrägen Fessel (ähnlich wie in Abb. 24) oder um einen Kragträger (ähnlich wie in Abb. 38), so können zu seiner Behandlung leicht entsprechende Betrachtungen vorgenommen werden wie in den Abschnitten III B 2c und d. Aus Raumgründen kann auf diese Fälle nicht näher eingegangen werden.

D. Anwendung des Prinzips der virtuellen Verrückungen

1. Vorbemerkungen

Anschaulicher gestaltet sich die Ermittlung von Fessel- und Schnittlasten ebener, in ihrer Ebene belasteter Stäbe, wenn dazu das Prinzip der virtuellen Verrückungen verwendet wird (s. Abschnitt II H); besonders einfach wird dann die Ermittlung der Einflußlinien. — Die durchzuführenden Überlegungen werden im folgenden an einem Dreigelenkbogen (s. Abb. 48 bis 50) erläutert. Das dazu Dargelegte läßt sich leicht auf andere Stäbe übertragen.

Zur Ermittlung einer Fesselkraft ist zunächst (s. Abschnitt II H) die betreffende Fessel zu zerschneiden, so daß ein bewegliches System zustande kommt, das im vorliegenden Falle (s. Abb. 48) aus zwei „Scheiben“ I und II besteht. Nach Ermittlung der bei einer virtuellen Verrückung auftretenden Drehungen und Wege (s. die Abschnitte III D 2 und 3) ergibt sich die gesuchte Fesselkraft nach Gleichung 49 oder 50.

---

[38] Der Leser versuche, die in Abb. 43 eingetragenen Ausdrücke für die einzelnen Abschnitte der Einflußlinien auch unmittelbar aus Abb. 43a abzulesen!

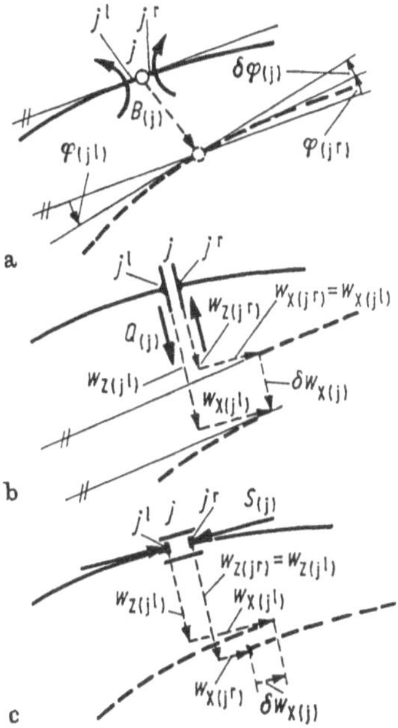

Abb. 44. Virtuelle Verschiebungssprünge

Zur Ermittlung einer Schnittlast $B_{(j)}$, $Q_{(j)}$ oder $S_{(j)}$ wird diese lt. Abschnitt III A 2 als Fessellast in der ihr entsprechenden inneren Fessel bei j aufgefaßt. Analog dem in Abschnitt II H Ausgeführten ist dann diese (innere) Fessel zu zerschneiden (s. Abb. 49, 50) und ist weiterhin die gesuchte Fessellast (mit zunächst unbekanntem positivem Betrag) an den Schnittufern j^l, j^r anzubringen (s. Abb. 44). Das durch den Schnitt beweglich gewordene, virtuell zu verrückende System besteht nunmehr aus drei „Scheiben" I, II, III (s. Abb. 49, 50). — An die Stelle der in Gleichung 49 bzw. 50 an erster Stelle stehenden virtuellen Arbeit $-\mathfrak{A}_1 \mathfrak{w}_1^v$ bzw. $-\mathfrak{D}_1 \bar{\varphi}_1^v$ tritt jetzt (s. Abb. 44) die virtuelle Arbeit der gesuchten Schnittlast:

$$\begin{aligned} & B_{(j)}\varphi^v_{(jl)} - B_{(j)}\varphi^v_{(jr)} \\ \text{bzw.}\quad & Q_{(j)}w^v_{Z(jl)} - Q_{(j)}w^v_{Z(jr)} \\ \text{bzw.}\quad & S_{(j)}w^v_{X(jl)} - S_{(j)}w^v_{X(jr)}\,{}^{39}, \end{aligned} \tag{90a}$$

kürzer geschrieben:

$$B_{(j)}\delta\varphi_{(j)} \quad \text{bzw.} \quad Q_{(j)}\delta w_{Z(j)} \quad \text{bzw.} \quad S_{(j)}\delta w_{X(j)}, \tag{90b}$$

$$\begin{gathered} \delta\varphi_{(j)} = \varphi_{(jl)} - \varphi_{(jr)}, \quad \delta w_{Z(j)} = w_{Z(jl)} - w_{Z(jr)}, \\ \delta w_{X(j)} = w_{X(jl)} - w_{X(jr)} \end{gathered} \tag{91}$$

= Beträge des virtuellen „Drehsprungs" bzw. „Wegsprungs" im Sinne von $B_{(j)}$ bzw. $Q_{(j)}$, $S_{(j)}$.

[39] X, Z = Achsen des örtlichen Koordinatensystems bei j; vgl. Abschnitt III A 2. — Der Zeiger v (= virtuell) wird im folgenden fortgelassen.

2. Beziehungen aus der Kinematik

Zur Ermittlung der virtuellen Wege usw. wird von folgenden Beziehungen aus der ebenen Kinematik Gebrauch gemacht[40].

(a) Jede virtuelle Verrückung einer Scheibe I gegen die feste „Bildebene 0" (s. Abb. 45) kann aufgefaßt werden als (kleine) Drehung der Scheibe I um einen bestimmten Punkt der Bildebene 0, den „Pol 0.1 für den betreffenden Verschiebungszustand". — Angaben zur Ermittlung des Poles 0.1 sowie des Drehwinkels φ_{I} enthalten die folgenden Sätze (Beispiele siehe in Abschnitt III D 3).

Obiges besagt (siehe Abb. 45):

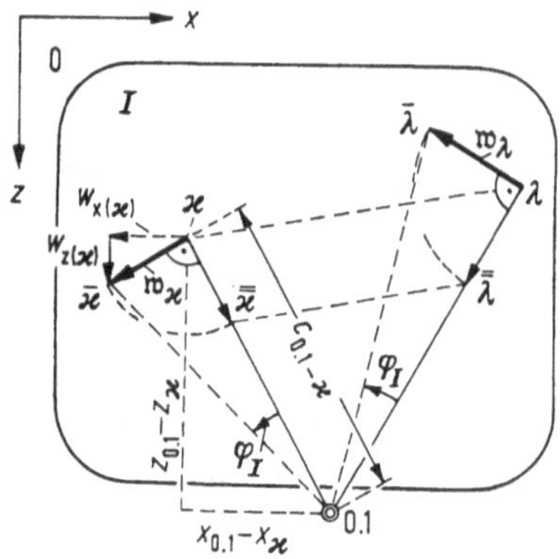

Abb. 45. Pol

(aα) Jede Stelle $\varkappa$ der Scheibe I beschreibt einen Weg $\mathfrak{w}_\varkappa$ senkrecht zum „Polstrahl" 0.1—$\varkappa$. $\mathfrak{w}_\varkappa$ hat den Absolutbetrag $|\mathfrak{w}_\varkappa| = |\varphi_{\mathrm{I}}|\, c_{0.1-\varkappa}$; sein Richtungs-Sinn ergibt sich, wenn 0.1 und φ_{I} bekannt sind, ohne weiteres aus der Anschauung. Für die Weg-Komponenten gilt

$$w_x = -\varphi_{\mathrm{I}}(z_{0.1} - z_\varkappa), \quad w_z = \varphi_{\mathrm{I}}(x_{0.1} - x_\varkappa). \qquad (92\,\mathrm{a, b})$$

(aβ) Ist $\mathfrak{w}_\varkappa$ der Weg, den eine Stelle $\varkappa$ von I zurücklegt, so hat φ_{I} den Absolutbetrag

$$|\varphi_{\mathrm{I}}| = \frac{|\mathfrak{w}_\varkappa|}{c_{0.1-\varkappa}}; \qquad (92\,\mathrm{c})$$

[40] S. z. B. P. Grodzinski-Lechner, Getriebelehre I; Sammlung Göschen Bd. 1061.

der Dreh-Sinn von φ_{I} ergibt sich, wenn 0.1 und $\mathfrak{w}_\varkappa$ bekannt sind, ohne weiteres aus der Anschauung.

(aγ) Ist die Richtung eines Weges $\mathfrak{w}_\varkappa$ bekannt, so steht damit fest, daß 0.1 auf der in $\varkappa$ errichteten Senkrechten zu $\mathfrak{w}_\varkappa$ liegt.

(b) Sonderfälle:

(bα) Ist I mittels eines Gelenkes mit der Bildebene 0 verbunden (s. Abb. 49, Gelenkstelle l), so fällt 0.1 mit der Gelenkstelle zusammen.

(bβ) Führt I eine Parallelverschiebung aus, so liegt 0.1 unendlich fern auf den Senkrechten zu den Wegen.

(c) Die (kleinen) Wege $\mathfrak{w}_\varkappa$ und $\mathfrak{w}_\lambda$ (s. Abb. 45) von zwei Stellen $\varkappa$ und λ der Scheibe I seien dargestellt durch (endliche) Pfeile $\varkappa \rightarrow \bar{\varkappa}$, $\lambda \rightarrow \bar{\lambda}$. Werden diese in $\varkappa$ und λ um 90° gedreht, so kommen die Pfeilspitzen auf die Polstrahlen 0.1—$\varkappa$ und 0.1—λ zu liegen: Endpunkte $\bar{\bar{\varkappa}}$ und $\bar{\bar{\lambda}}$ der „gedrehten Wege". Die durch $\bar{\bar{\varkappa}}$ und $\bar{\bar{\lambda}}$ gehende Gerade ist parallel der durch $\varkappa$ und λ gehenden Geraden.

(cα) Ist also der Weg $\mathfrak{w}_\varkappa$ einer Stelle $\varkappa$ sowie der Pol 0.1 bekannt, so ergibt sich der Weg $\mathfrak{w}_\lambda$ einer Stelle λ, wie folgt (s. Abb. 45): Man zeichne den gedrehten Weg $\varkappa \rightarrow \bar{\bar{\varkappa}}$, ziehe durch $\bar{\bar{\varkappa}}$ die Parallele zur Geraden $\varkappa$—λ bis zu ihrem Schnittpunkt $\bar{\bar{\lambda}}$ mit dem Polstrahl 0.1—λ; der Pfeil $\lambda \rightarrow \bar{\bar{\lambda}}$ stellt den um 90° gedrehten Weg von λ dar; indem er um —90° (zurück) gedreht wird, ergibt sich der den Weg $\mathfrak{w}_\lambda$ darstellende Pfeil $\lambda \rightarrow \bar{\lambda}$.

(d) Werden zwei Scheiben I und II (s. Abb. 46) gegen die Bildebene 0 verschoben — Pole 0.1 und 0.2 —, so kann der relative Verschiebungszustand von II gegen I aufgefaßt werden als (kleine) Drehung von II um einen bestimmten Punkt von I, den „Relativpol 1.2 für den betreffenden Verschiebungszustand".

Umgekehrt kann der relative Verschiebungszustand von I gegen II aufgefaßt werden als (kleine) Drehung von I um einen bestimmten Punkt von II, den „Relativpol 2.1".

(dα) 1.2 und 2.1 fallen zusammen, so daß es sich gleich bleibt, ob geschrieben wird 1.2 oder 2.1.

(dβ) 0.1, 0.2 und 1.2 liegen auf einer Geraden (s. Abb. 46).

(e) Sind I und II mittels eines Gelenkes miteinander verbunden (s. Abb. 48, Gelenkstelle *g*), so fällt 1.2 mit der Gelenkstelle zusammen.

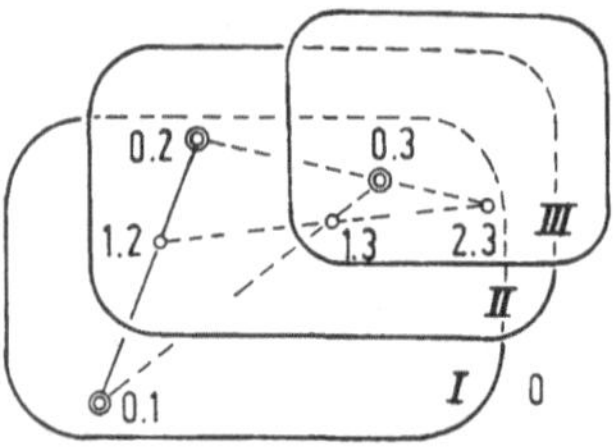

Abb. 46. Relativpole

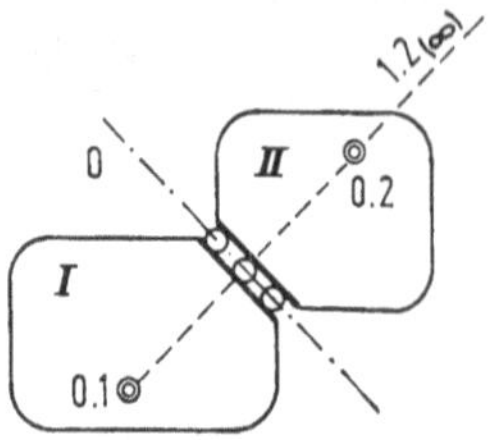

Abb. 47. Relativpol von zwei durch eine Linienführung verbundenen Scheiben

(f) Ist II mit I durch eine Linienführung (s. Abb. 47) verbunden (so daß II relativ zu I **keine** Drehung ausführen kann), so liegt 1.2 unendlich fern auf den Senkrechten zur Linienführung.

(g) Werden mehrere Scheiben I, . . *E*, . . *N*, . . *U*, . . (s. Abb. 46) gegen die Bildebene 0 verschoben, so kann die relative Verschiebung von *N* gegen *E* aufgefaßt werden als Drehung von *N* gegen *E* um einen bestimmten Punkt von *E*, den „Relativpol *e.n*“. Es bleibt sich gleich, ob geschrieben wird *e.n* oder *n.e*.

(gα) Je zwei Pole 0.*e*, 0.*n* und der Relativpol *e.n* —, desgleichen je drei Relativpole *e.n*, *e.u*, *n.u*, liegen auf einer Geraden (s. Abb. 46).

3. Beispiele

a) Fesselkraft $A_{x(l)}$ bzw. $H_{(l)} = -A_{x(l)}$ (s. Abb. 48)

Zerschnitten wird die Wegfessel parallel x an der Stelle l. Vom virtuellen Verschiebungszustand des damit beweglich gewordenen Systems sind ohne weiteres bekannt:

$$0.2 = r \text{ lt.(b}\alpha), \quad 1.2 = g \text{ lt.(e)}.$$

0.1 liegt lt. (aγ) auf der Senkrechten zur zerschnittenen Fessel in l sowie lt. (dβ) auf der Geraden 0.2, 1.2, 0.1.

Einer Stelle des Systems wird ein virtueller Weg erteilt, z. B. der Stelle l auf I (s. Abb. 48). Dieser Weg $\mathfrak{w}_l$ muß (im

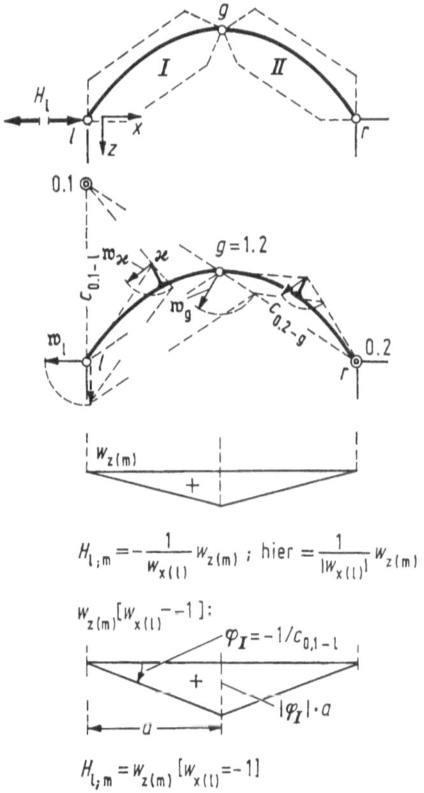

Bild 48. Virtuelle Verrückung zur Ermittlung des Horizontalschubes

Einklang mit den nicht zerschnittenen Fesseln) parallel x sein (womit er zugleich lt. (aα) senkrecht zum Polstrahl 0.1—l steht); sein Absolutbetrag und sein Richtungs-Sinn werden beliebig gewählt. Den zugehörigen Weg $\mathfrak{w}_\varkappa$ jeder weiteren

Stelle $\varkappa$ von I, insbesondere auch den Weg $\mathfrak{w}_g$ von g, erhält man — ausgehend von $\mathfrak{w}_l$ — durch Zeichnung nach (cα).

Da g zugleich eine Stelle von II ist, erhält man — ausgehend von $\mathfrak{w}_g$ — den zugehörigen Weg jeder Stelle von II wiederum durch Zeichnung nach (cα).

Lt. Gleichung 49b gilt:

$$A_{x(l)} = \frac{1}{w_{x(l)}} \sum_{\varkappa} \{P_{x(\varkappa)} w_{x(\varkappa)} + P_{z(\varkappa)} w_{z(\varkappa)} + M_{(\varkappa)} \varphi_{(\varkappa)}\} \qquad (93\,\text{a})$$

$$\text{bzw. } H_{(l)} = -A_{x(l)} = -\frac{1}{w_{x(l)}} \sum_{\varkappa} \{\ldots\}. \qquad (93\,\text{b})$$

Die darin eingehenden Wegkomponenten w_x, w_z ergeben sich nach Abschnitt I B2 als Projektionen der gefundenen Wege $\mathfrak{w}$ auf die Achsen x und z.

Die außerdem eingehenden Drehungen $\varphi_{(\varkappa)}$ sind z. B. — bei Anordnung und virtueller Verrückung nach Abb. 48 — lt. (aβ)

$$\text{für Punkte } \varkappa \text{ auf Scheibe I:} \quad \varphi_{(\varkappa)} = \varphi_{\text{I}} = -\frac{|\,\mathfrak{w}_l\,|}{c_{0.1-l}},$$

$$\text{für Punkte } \varkappa \text{ auf Scheibe II:} \quad \varphi_{(\varkappa)} = \varphi_{\text{II}} = +\frac{|\,\mathfrak{w}_g\,|}{c_{0.2-g}}.$$

Statt Gleichung 93b kann (s. Gleichung 49a und b) auch geschrieben werden:

$$H_{(l)} = -A_{x(l)} = -\frac{1}{w_{x(l)}} \sum_{\varkappa} \{\mathfrak{P}_\varkappa \mathfrak{w}_\varkappa + M_{(\varkappa)} \varphi_{(\varkappa)}\}. \qquad (94)$$

Die virtuelle Arbeit (inneres Produkt) $\mathfrak{P}_\varkappa \mathfrak{w}_\varkappa$ kann, wie leicht ersichtlich, als M o m e n t der Kraft $\mathfrak{P}_\varkappa$ bezüglich des Endpunktes $\bar{\bar{\varkappa}}$ des „gedrehten Weges" von $\varkappa$ aufgefaßt werden, d. h.: Nach Abschnitt II B 4b kann gesetzt werden:

$$\mathfrak{P}_\varkappa \mathfrak{w}_\varkappa = \pm\,|\,\mathfrak{P}_\varkappa\,|\,\varrho_\varkappa, \qquad (95)$$

wobei $\varrho_\varkappa$ den kürzesten Abstand zwischen $\bar{\bar{\varkappa}}$ und der Wirkungslinie von $\mathfrak{P}_\varkappa$ bedeutet und jeweils das Zeichen + oder — gilt, je nachdem $\mathfrak{P}_\varkappa$ um $\bar{\bar{\varkappa}}$ im oder entgegen dem positiven Drehsinn zx dreht.

b) Biegemoment $B_{(j)}$ (s. Abb. 49)

Zerschnitten wird die innere Drehfessel an der Stelle j, d. h.: An der Stelle j wird ein Gelenk eingelegt. Vom virtuellen

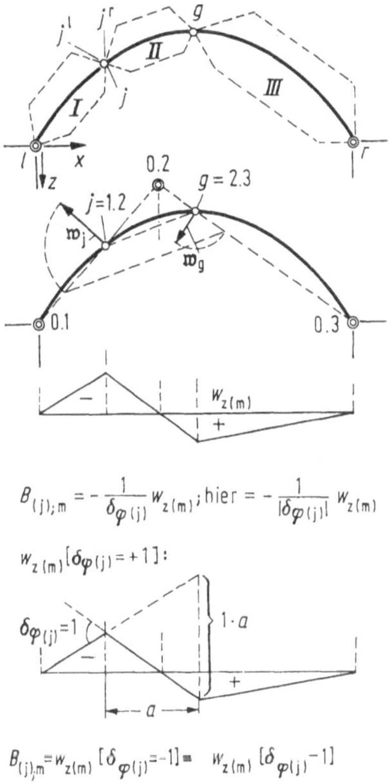

Abb. 49.
Virtuelle Verrückung zur Ermittlung eines Biegemomentes

Verschiebungszustand des damit beweglich gewordenen Systems sind ohne weiteres bekannt:

0.1 = l und 0.3 = r lt. (bα), 1.2 = j und 2.3 = g lt. (e).

0.2 liegt — lt. (dβ) — auf den Geraden 0.1, 1.2, 0.2 und 0.3, 2.3, 0.2.

Einer Stelle des Systems wird ein virtueller Weg erteilt, z. B. der Stelle g (s. Abb. 49). Dieser Weg $\mathfrak{w}_g$ muß, da g sowohl eine Stelle von II als auch eine Stelle von III ist, lt. (aα) senkrecht zu den Polstrahlen 0.2—g und 0.3—g stehen; sein Absolutbetrag und sein Richtungs-Sinn werden beliebig gewählt. Den zugehörigen Weg $\mathfrak{w}_\varkappa$ jeder weiteren Stelle $\varkappa$ von II oder III, insbesondere auch den Weg $\mathfrak{w}_j$ von j auf II, erhält man — ausgehend von $\mathfrak{w}_g$ — durch Zeichnung nach (cα).

Da j zugleich eine Stelle von I ist, erhält man — ausgehend von $\mathfrak{w}_j$ — den zugehörigen Weg jeder Stelle von I wiederum durch Zeichnung nach (cα).

Nach der lt. 90 abgewandelten Gleichung 50 gilt

$$B_{(j)} = -\frac{1}{\delta\varphi_{(j)}} \sum_{\varkappa} \{P_{x(\varkappa)} w_{x(\varkappa)} + P_{z(\varkappa)} w_{z(\varkappa)} + M_{(\varkappa)} \varphi_{(\varkappa)}\} \quad (96\text{a})$$

oder

$$= -\frac{1}{\delta\varphi_{(j)}} \sum_{\varkappa} \{\mathfrak{P}_\varkappa \mathfrak{w}_\varkappa + M_{(\varkappa)} \varphi_{(\varkappa)}\}. \quad (96\text{b})$$

Darin ist z. B. — bei Anordnung und virtueller Verrückung nach Abb. 49 — lt. Gleichung 91 und (aβ):

$$\delta\varphi_{(j)} = \varphi_{(jl)} - \varphi_{(jr)} = \varphi_{\text{I}} - \varphi_{\text{II}} = \frac{|\mathfrak{w}_j|}{c_{0.1-j}} - \left(-\frac{|\mathfrak{w}_j|}{c_{0.2-j}}\right).$$

Im übrigen gilt Entsprechendes, wie in Abschnitt III D 3a dargelegt.

c) Querkraft $Q_{(j)}$ (s. Abb. 50)

Zerschnitten wird die innere Wegfessel parallel Z an der Stelle j, d. h.: An der Stelle j wird eine Linienführung parallel Z eingelegt (Schnittufer j^l, j^r). — Vom virtuellen Verschiebungszustand des damit beweglich gewordenen Systems sind ohne weiteres bekannt: 0.1 = l und 0.3 = r lt. (bα), 2.3 = g lt. (e), 1.2 = unendlich ferner Punkt von X lt. (f).

0.2 liegt lt. (dβ) auf den Geraden 0.3, 2.3, 0.2 und 0.1, 1.2, 0.2; 1.3 (in Abb. 50 nicht eingetragen) liegt lt. (dβ) auf den Geraden 0.1, 0.3, 1.3 und 2.3, 1.2, 1.3.

Einer Stelle des Systems wird ein virtueller Weg erteilt, z. B. dem Schnittufer j^l auf I (s. Abb. 50). Dieser Weg $\mathfrak{w}_{(jl)}$

muß lt. (aα) senkrecht zum Polstrahl 0.1—j^l stehen; sein Absolutbetrag und sein Richtungs-Sinn werden beliebig gewählt.

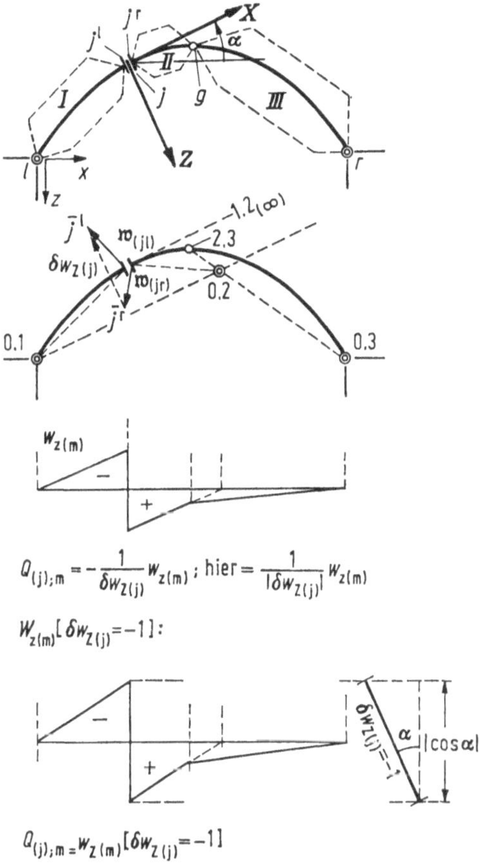

Abb. 50.

Virtuelle Verrückung zur Ermittlung einer Querkraft

Mit $\mathfrak{w}_{(jl)} = j^l \to \bar{j}^l$ liegt auch der Weg $\mathfrak{w}_{(jr)} = j^r \to \bar{j}^r$ von j^r fest: $\mathfrak{w}_{(jr)}$ muß, da j^r eine Stelle von II ist, lt. (aα) senkrecht zu 0.2—j^r stehen, und der W e g s p r u n g $\mathfrak{w}_{(jl)} - \mathfrak{w}_{(jr)}$ muß parallel zur eingelegten Linienführung bei j, also parallel Z sein (s. Abb. 50). $\overline{j^r}$ liegt also auf dem Lot zu 0.2—j^r und auf der Parallelen zu Z durch $\overline{j^l}$.

Den Weg $\mathfrak{w}_g$ von g erhält man — ausgehend von $\mathfrak{w}_{(jr)}$ — durch Zeichnung nach (cα). Den Weg jeder weiteren Stelle auf einer der Scheiben I, II, III erhält man — ausgehend von $\mathfrak{w}_{(jl)}$, $\mathfrak{w}_{(jr)}$ bzw. $\mathfrak{w}_g$ — wiederum durch Zeichnung nach (cα).

Nach der lt. 90 abgewandelten Gleichung 49 gilt

$$Q_{(j)} = -\frac{1}{\delta w_{Z(j)}} \sum_{\varkappa} \{P_{x(\varkappa)} w_{x(\varkappa)} + P_{z(\varkappa)} w_{z(\varkappa)} + M_{(\varkappa)} \varphi_{(\varkappa)}\} \quad (97\,\mathrm{a})$$

oder

$$= -\frac{1}{\delta w_{Z(j)}} \sum_{\varkappa} \{\mathfrak{P}_{\varkappa} \mathfrak{w}_{\varkappa} + M_{(\varkappa)} \varphi_{(\varkappa)}\}. \quad (97\,\mathrm{b})$$

Darin ist z. B. — bei virtueller Verrückung und Anordnung nach Abb. 50 — lt. Gleichung 91 und 92 —:

$$\delta w_{Z(j)} = w_{Z(jl)} - w_{Z(jr)} = -|w_{Z(jl)}| - |w_{Z(jr)}|$$

(w_Z kann aus Abb. 50 abgegriffen werden). — Im übrigen gilt Entsprechendes, wie in Abschnitt III C 3a dargelegt.

4. *Einflußlinien*

Die Ermittlung der Einflußlinien mittels des Prinzips der virtuellen Verrückungen sei für Kräfte P_z auf der Fahrbahn eines Dreigelenkbogens lt. Abb. 51 gezeigt. Zu betrachten ist also nach Abschnitt III D 1bβ der Belastungszustand „wandernde Kraft $P_z = 1$, momentan an einer Stelle m der Fahrbahn". Die Gleichung für eine Fessel- oder Schnittlast C_j lautet dann z. B. (s. die Gleichungen 93b, 96a, 97a):

$$\begin{aligned} H_{(l);\,m} &= -\frac{1}{w_{x(l)}} \cdot 1 \cdot w_{z(m)}, \\ B_{(j);\,m} &= -\frac{1}{\delta\varphi_{(j)}} \cdot 1 \cdot w_{z(m)}, \qquad (98) \\ Q_{(j);\,m} &= -\frac{1}{\delta w_{Z(j)}} \cdot 1 \cdot w_{z(m)}. \end{aligned}$$

Die Ordinaten einer Einflußlinie $C_{(j);\,m}$ zu Kräften P_z sind also die Wegkomponenten $w_{z(m)}$ der Fahrbahnpunkte m bei dem virtuellen Verschiebungszustand zur Ermittlung von $C_{(j)}$, multipliziert mit einem Faktor, z. B.

$$-\frac{1}{w_{x(l)}},\quad -\frac{1}{\delta\varphi_{(j)}},\quad -\frac{1}{\delta w_{Z(j)}}$$

(s. Abb. 48, 49, 50).

Zunächst wird so getan, als ob jeder Fahrbahnpunkt m unmittelbar (durch lotrechte Ständer) mit der Systemlinie des Dreigelenkbogens verbunden wäre. Dann gilt, wie leicht ersichtlich, folgendes:

Im Bereich einer Scheibe E des beweglich gemachten Systems verläuft die Einflußlinie geradlinig; denn lt. Gleichung 92 gilt $w_{z(m)} = \varphi_E (x_{0.e} - x_m)$.

Unter dem Pol $0.e$ hat die zur Scheibe E gehörende Gerade der Einflußlinie die Ordinate 0: „Nullpunkte" der Einflußlinie.

Unter dem Relativpol $e.n$ zweier Scheiben E und N müssen sich — lt. (e) — die zu E und N gehörenden Geraden der Einflußlinie schneiden: „Eckpunkte" der Einflußlinie.

Sind zwei Scheiben E und N des beweglich gemachten Systems an einer Stelle j durch eine Linienführung verbunden, so liegt unter j ein Sprung der Einflußlinie vom Betrag der Wegsprung-Komponente $\parallel z$: „Sprungstellen" der Einflußlinie. Da sich die durch eine Linienführung verbundenen Scheiben E und N nicht gegeneinander drehen können, sind die ihnen entsprechenden Geraden der Einflußlinie einander parallel.

Unter Berücksichtigung der voranstehenden Regeln kann eine Einflußlinie bereits auf Grund ihrer Nullpunkte, Eckpunkte und Sprungstellen — zunächst noch ohne bestimmten Maßstab — hingezeichnet werden, sobald die Pole und Relativpole ermittelt sind[41].

Zu einer so gezeichneten Einflußlinie $C_{(j);\,m}$ liegt auch der Maßstab fest, sobald irgendeine Ordinate η_i der Einflußlinie zahlenmäßig bekannt ist, d. h. sobald $C_{(j)}$ für den Belastungs-

[41] Der Leser versuche dieses an Hand der in Abb. 48, 49 und 50 gebrachten Einflußlinien! — Darin, daß mit Hilfe der Pole sofort die „Gestalt" der Einflußlinie bekannt ist, liegt die besondere Bedeutung des Verfahrens.

zustand „$P_z = 1$ an der Fahrbahn-Stelle i" berechnet ist (z. B. nach Gleichung 93b, 96a, 97a oder sonstwie). Oft erübrigt sich dieses Vorgehen, indem die eine oder andere Ordinate der Einflußlinie von vornherein zahlenmäßig bekannt ist.

Der Maßstab der Einflußlinie einer Schnittlast kann auch ermittelt werden, indem ein Verschiebungssprung $\delta = -1$ eingeprägt wird. In diesem Fall ergibt sich für die Einflußlinien in (98):

$$H_{(l);\,m} = w_{z(m)}\,[w_{x(l)} = -1],$$
$$B_{(j);\,m} = w_{z(m)}\,[\delta\varphi_{(j)} = -1], \qquad (99)$$
$$Q_{(j);\,m} = w_{z(m)}\,[\delta w_{z(j)} = -1].$$

Die so ermittelten Einflußlinien sind in den Bildern 48, 49, 50 eingetragen: Einflußlinie wird zunächst ohne Maßstab gezeichnet, der auftretende Verschiebungssprung wird dann als -1 definiert.

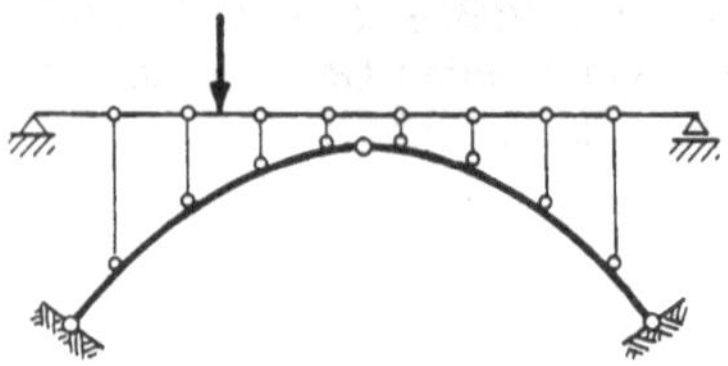

Abb. 51.
Mittelbar belasteter Dreigelenkbogen

Abschließend wird der Tatsache Rechnung getragen, daß es sich (s. Abb. 51) um einen mittelbar belasteten Stab handelt, indem lt. Abschnitt III B 2a die Einflußlinien-Punkte unter den Anschlußstellen von Zwischen- und Schleppträgern durch Geraden verbunden werden (s. z. B. Abb. 36).

Ein Verzeichnis des Schrifttums befindet sich im dritten Band.

Namen- und Sachregister

SAMMLUNG GÖSCHEN

Statik der Baukonstruktionen von A. Teichmann. 3 Bde.
II: Statisch bestimmte Stabwerke. 107 S., 52 Abb., 7 Tafeln. 1957. (120)
III: Statisch unbestimmte Systeme. 112 S., 34 Abb., 7 Formeltafeln. 1958. (122)

Festigkeitslehre von N. Dimitrov und W. Herberg. 2 Bde.
I: Elastizität, Plastizität und Stabilität der Stabwerke. 2., vollständig neu bearb. Aufl. 230 S., 154 Abb. 1971.
II: Formänderung, Platten, Stabilität und Bruchhypothesen. 187 S., 94 Abb. 1955. (1145/1145a)

Vermessungskunde von W. Grossmann. 3 Bde.
I: Stückvermessung und Nivellieren. 13., verb. Aufl. 162 S., 132 Fig. 1969. (468)
II: Horizontalaufnahmen und ebene Rechnungen. 11., verb. Aufl. in Vorb. 1971.
III: Trigonometrische und barometrische Höhenmessung. Tachymetrie und Absteckungen. 9., verb. Aufl. 145 S., 101 Fig. 1969. (862)

Kartographie von V. Heissler † u. G. Hake. 2 Bde.
I: Kartenaufnahme, Netzentwürfe, Gestaltungsmerkmale, topographische Karten. 4. Aufl., bearb. v. G. Hake. 233 S., 117 Abb. u. 8 Anl. 1970. (30/30a/30b)
II: Thematische Karten, Atlanten, kartenverwandte Darstellungen, Kartentechnik, Kartenauswertung. Von G. Hake. 202 S., 84 Abb., 11 Anl. 1970. (1245/1245a/1245b)

Photogrammetrie von G. Lehmann. 3., neubearb. Aufl. 220 S., 141 Abb. 1969. (1188/1188a)

Walter de Gruyter & Co • Berlin 30

FSC
www.fsc.org
MIX
Papier | Fördert
gute Waldnutzung
FSC® C083411

Zeitfracht Medien GmbH
Ferdinand-Jühlke-Straße 7
99095 Erfurt, Deutschland
produktsicherheit@kolibri360.de